The Experiments for Organic
Optical-electronic Materials and Devices

有机光电材料
与器件实验

叶常青　王筱梅　丁　平　等编著

化学工业出版社
·北京·

　　2013 年作者获得江苏省高等学校重点教材建设资助项目资助，在此项目启动下参考了相关专著和文献，并结合多年来教学和科研的工作完成此稿。其中实验一至十二由王筱梅编写、实验十三至十五由梁作芹编写、实验十六和实验二十至二十二由丁平编写、实验十七至十九由周宇扬编写、实验二十三至二十五由陈硕然编写、实验二十六至三十二由叶常青编写。全书由叶常青、王筱梅和丁平进行了最后的汇总、修改和定稿。

　　在此，作者特别要衷心感谢国家自然科学基金项目（50273024，50673070，50973077，51273141 和 51673143）的资助，感谢江苏省高校优秀科技创新团队建设项目和江苏省优秀青年基金项目（BK 20170065）的资助。

　　借此机会，作者还要感谢实验室全体研究生，他们的研究结果进一步丰富了本教材的内容。最后感谢化学工业出版社给予的大力帮助。

　　由于编者水平有限，疏漏和不足在所难免，谨请批评指正。

编　者

2017 年 9 月于苏州石湖

目　　录

实验一 四苯基卟啉钯的制备与紫外-可见吸收光谱测定

一、实验目的

1. 学习四苯基卟啉及四苯基卟啉钯的制备方法；
2. 熟悉紫外-可见吸收光谱仪器的使用方法；
3. 掌握卟啉化合物的吸收光谱特征和溶剂效应、浓度效应对 Soret 带和 Q 带的影响规律。

二、实验原理

1. 卟啉化合物吸收光谱特征

分子受到一定频率（$h\nu$）的光波照射、且当 $h\nu$ 值大于或等于该分子基态（E_0）与激发态（E_1）的能级之差（ΔE）时，分子就会吸收该频率（$h\nu$）的光；进而诱发价电子从基态跃迁至激发态（见图 1-1），吸收光谱记录的就是这一微观过程。

吸收光谱记录的是一条吸收强度与吸收波长的关系曲线（图 1-2），其中，横坐标为波长（λ，单位 nm），纵坐标对应着朗伯-比耳定律中的吸光度（即 $A = \varepsilon c \cdot L$）。$A$ 是个相对值，无量纲量。有时，吸收光谱中的纵坐标用摩尔吸光系数（ε）表示，其单位为 $mol^{-1} \cdot dm^3 \cdot cm^{-1}$。当样品的 ε 值大于 $10000\ mol^{-1} \cdot dm^3 \cdot cm^{-1}$ 时，表示样品的吸收能力

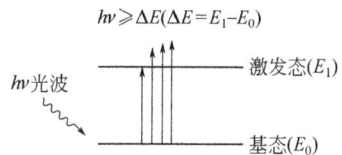

图 1-1 分子吸收一定频率（$h\nu$）的光发生电子跃迁

强，即在该波段的电子跃迁概率大。当 ε 值小于 $100\ mol^{-1} \cdot dm^3 \cdot cm^{-1}$ 时，则为弱吸收，表示样品在该波段的电子跃迁概率小。

卟啉（Porphyrins）是卟吩外环带有取代基的同系物和衍生物的总称，其结构为大环的"四吡咯"结构。由 20 个碳和 4 个氮原子构成共轭大环，是 $4n+2$ 电子稳定的共轭体系，具有芳香性。当其氮上 2 个质子被金属离子取代后即形成金属卟啉配合物（Metalloporphyrins），简称金属卟啉（图 1-3）。

卟啉衍生物在可见光区域内存在 1 个 Soret 带和 4 个 Q 带（图 1-2），可以理解为前者为 $S_0 \rightarrow S_2$ 吸收，后者为 $S_0 \rightarrow S_1$ 吸收。另一种解释是，卟啉化合物的电子光谱吸收峰

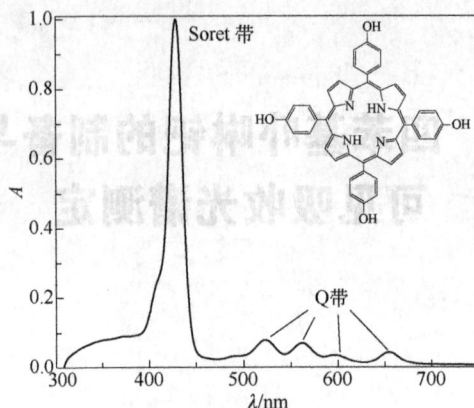

图 1-2　四(羟基苯基)卟啉紫外-可见吸收（THF，1×10^{-5} mol·dm^{-3}）

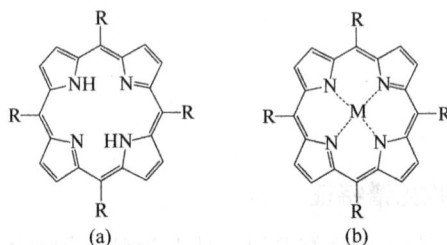

图 1-3　卟啉（a）与金属卟啉（b）结构通式

（其中 R 可接给电子基团和受电子基团，M 为金属离子）

是由于两个最高占据分子轨道（HOMOS）和两个最低空轨道（LUMOS）之间的 π-π* 跃迁引起的，并将其标记为 Q 带和 Soret 带。Soret 带是两个跃迁的线性偶合，表现为强吸收；Q 带则是两个跃迁偶合相互抵消的结果，因而表现为弱吸收。

2. 卟啉化合物溶剂效应

物质的吸收光谱通常是在稀溶液中测试的，因此溶剂对吸收光谱的影响不可忽视。分子的最大吸收峰位（λ_{max}）和摩尔吸光系数（ε）受溶剂极性影响的现象称为溶剂效应。

附录 2 列出常见溶剂的极性参数[$E_T(30)$]，$E_T(30)$ 越大，表示溶剂的极性越大。

四苯基卟啉的 π-π* 跃迁吸收带在极性溶剂中通常会发生红移，而在非极性溶剂中则会发生蓝移。这是由于四苯基卟啉激发态的极性大于其基态的极性，随着溶剂极性增大，激发态的溶剂化作用使其轨道的能量降低的程度大于基态降低的程度，溶剂极性愈大，激发态能级降低程度愈大，致使吸收峰位愈发红移。如图 1-4 所示：$\Delta E_p < \Delta E < \Delta E_n$。

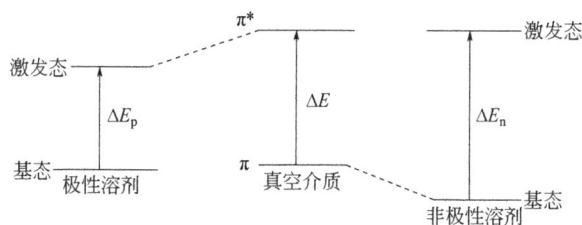

图 1-4　溶剂的极性对π-π*跃迁影响

3．四苯基卟啉及钯配合物的制备

四苯基卟啉（TPP）是通过吡咯和苯甲醛在丙酸中回流得到，相应的金属配合物（MTPP）是在适当的有机溶剂中与所要引入的金属盐类进行回流得到（图 1-5）。

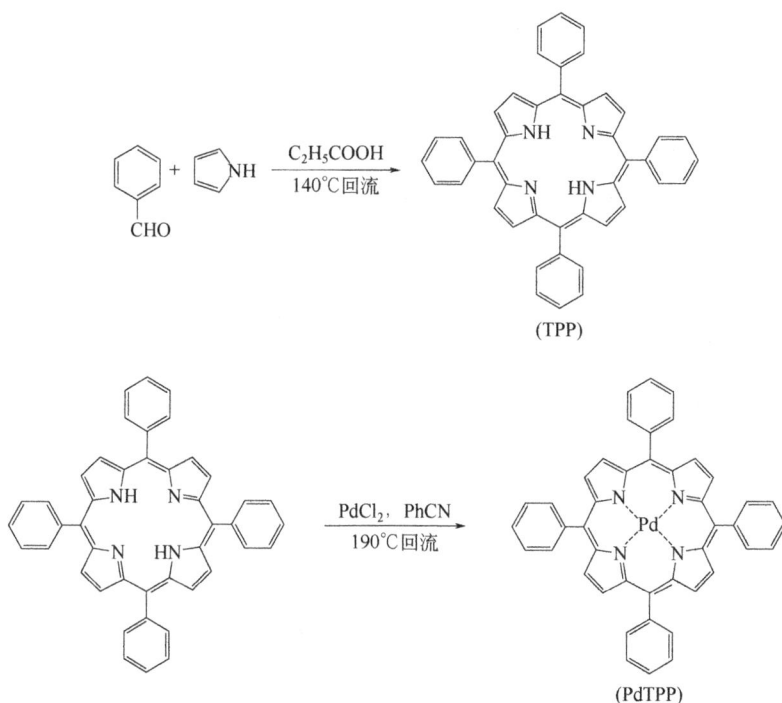

图 1-5　四苯基卟啉（钯）的合成路线

卟啉和金属卟啉均为高熔点的深色固体，多数不溶于水和碱，但能溶于无机酸；对热非常稳定。如四苯基卟啉（TPP）和四苯基卟啉钯（PdTPP）的熔点（mp）>300℃。TPP 的分解温度（T_d）为 310℃，PdTPP 的分解温度（T_d）为 350℃。TPP 的分子离子峰（M^+）为 614.25，PdTPP 的分子离子峰（M^+）为 718.13。TPP 的 ^1H NMR（CDCl$_3$，300 MHz，Me$_4$Si）δ：−2.751（s，2H，NH），8.227（s，8H），7.761（m，12H），8.819（s，8H）。四苯基卟啉钯（PdTPP）的 ^1H NMR（CDCl$_3$，300 MHz，Me$_4$Si）δ：8.83

(s, 8H), 8.19、8.21 (d, 8H, $J = 7.8$Hz), 7.76、7.78 (d, 12H, $J = 7.8$ Hz)。

三、实验仪器与试剂

仪器：紫外-可见吸收光谱仪，有机制备装置等。

试剂：苯甲醛、新蒸吡咯、丙酸、乙醇、三氯甲烷、石油醚、苯甲腈、$MgSO_4$、DMF、正己烷、乙酸乙酯、$PdCl_2$ 和四苯基卟啉。

四、实验步骤

1．材料制备

（1）四苯基卟啉（TPP）的制备

将 2.12 g（20 mmol）的苯甲醛和 50 mL 丙酸加入到 500 mL 三口烧瓶里，在搅拌下升温至 140℃（回流）后，将溶于 1.40 g（21 mmol）新蒸吡咯的丙酸（30 mL）慢慢滴加入烧瓶中，滴加完毕后继续回流反应 2 h，冷却至室温，加少量的乙醇，静置，过滤，得到紫褐色粗产品。

将粗产物通过柱色谱法分离，其流动相为三氯甲烷-石油醚（3∶1），最后得到紫色粉末。

（2）四苯基卟啉钯（PdTPP）的制备

将四苯基卟啉（TPP）（0.154 g，0.25 mmol）和 $PdCl_2$（0.022 g，0.125 mmol）溶在苯甲腈溶剂中，在 190℃油浴回流反应 90 min，冷却至室温，减压蒸馏除去残留的苯甲腈，残液置于 100 mL 圆底烧瓶中，再加入 20 mL 的氯仿，用无水 $MgSO_4$ 干燥过夜。

浓缩氯仿溶液，通过柱色谱进行分离，流动相为三氯甲烷-石油醚（3∶1），得到砖红色四苯基卟啉钯（PdTPP）。

2．吸收光谱测试

（1）溶液配制

用电子天平准确称取 3~5 mg 的四苯基卟啉，倒入 10 mL 容量瓶中，用乙酸乙酯溶剂溶解并稀释至刻度，配制成浓度约为 10^{-3} mol·dm^{-3} 的溶液再准确配制 1 μmol·dm^{-3}、5 μmol·dm^{-3} 和 10 μmol·dm^{-3} 三种浓度的乙酸乙酯溶液。

再用电子天平准确称取 3～5 mg 的四苯基卟啉，倒入 10 mL 容量瓶中，分别用正己烷和 DMF 作溶剂溶解并稀释至刻度，配制得到 5 μmol·dm^{-3} 的正己烷和 DMF 溶液。

（2）吸收光谱测定

溶剂效应测试：首先从空白的正己烷溶剂扫描基线（横坐标为波长，通常范围在 250～800 nm）；再测试 5 μmol·dm^{-3} 四苯基卟啉的正己烷溶液的吸收光谱，读取 Soret 带和 Q 带的吸收峰位（λ_{max}）值和吸光度，并计算摩尔吸光系数（ε）。按类似的方法，将另外两种不同溶剂（乙酸乙酯和 DMF）的四苯基卟啉溶液（浓度均为 5 μmol·dm^{-3}）在紫外-可见光谱仪上测定其吸收光谱，读取 Soret 带和 Q 带的吸收峰位（λ_{max}）值和吸光度并计算摩尔吸光系数（ε）。

浓度效应测试：在紫外-可见光谱仪上测定三种不同浓度（1 μmol·dm^{-3}、5 μmol·dm^{-3} 和 10 μmol·dm^{-3}）的四苯基卟啉乙酸乙酯溶液的吸收光谱，读取 Soret 带和 Q 带的吸收峰位（λ_{max}）值和吸光度并计算摩尔吸光系数（ε）。

分别往三个盛有 TPP 的 DMF 溶液（3 mL，5 μm·dm^{-3}）的烧杯中迅速注入 0.3 mL、0.6mL 和 0.9 mL 的水，测试 TPP 随着不良溶剂水的比例由 10%、20% 增加到 30% 后其吸收光谱的变化情况。

3. 数据处理
（1）结构表征（表 1-1）

表 1-1　四苯基卟啉（TPP）与四苯基卟啉钯（PdTPP）的产率、熔点及核磁数据

化合物	产率/%	熔点/℃	^{1}H NMR 数据
TPP			
PdTPP			

（2）溶剂效应（表 1-2）

表 1-2　四苯基卟啉（TPP）吸收光谱的溶剂效应

溶剂	波长扫描范围	Soret 带	Q 带
		吸收峰位（吸收强度）	吸收峰位（吸收强度）
正己烷			
乙酸乙酯			
DMF			

（3）浓度效应（表 1-3 和表 1-4）

表 1-3　乙酸乙酯中四苯基卟啉（TPP）吸收光谱的浓度效应

浓度	Soret 带	Q 带
	吸收峰位（吸收强度）	吸收峰位（吸收强度）
1 μmol·dm^{-3}		
5 μmol·dm^{-3}		
10 μmol·dm^{-3}		

表 1-4　不同水含量的四苯基卟啉（TPP）吸收光谱的浓度效应

水的体积分数	Soret 带	Q 带
	吸收峰位（吸收强度）	吸收峰位（吸收强度）
10%		
20%		
30%		

五、紫外-可见光谱器简介

紫外-可见吸收光谱仪包括光源、单色仪、样品池、光电倍增管和光子计数器等（图 1-6 所示）。测试时，首先是光源发射多波长连续光经过单色仪分光，按波长顺序依次进入样品池辐照样品溶液，经过样品池的透过光（I）再依次经过光电倍增管和光子计数器测定其强度。

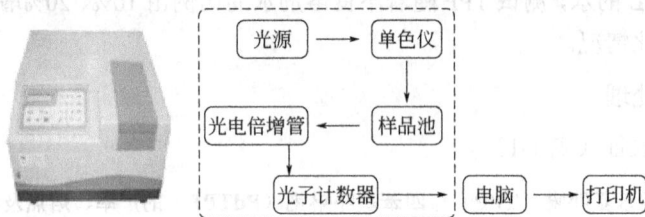

图 1-6　吸收光谱测试装置示意图

在单光路系统中，先测定溶剂对各个单色光的透射强度 $I_0(\lambda)$，然后测定样品对各个单色光的透射强度 $I(\lambda)$。吸收池有石英池和光学玻璃池，石英比色皿在紫外-可见区和近红外区的透过率很高，可测紫外-可见吸收光谱和近红外吸收光谱；玻璃比色皿在紫外区有吸收，不能用来测定紫外区吸收光谱。

使用紫外-可见-近红外吸收光谱仪测得的紫外-可见-近红外吸收光谱，描述的是在近紫外-可见-近红外光谱区域内（200～1000 nm）某一样品对不同波长单色光的吸收强度的变化情况。紫外-可见吸收光谱（简称为吸收光谱）反映的是分子吸收某一光波后引起的价电子跃迁，故又称为电子光谱。

紫外-可见吸收光谱通常用横坐标表示波长（λ，单位 nm），纵坐标表示摩尔吸光系数（ε，单位 $mol^{-1} \cdot dm^3 \cdot cm^{-1}$）或吸光度（$A$，无量纲）。测试溶液样品时需注明所用的溶剂和配制浓度（一般在 $1×10^{-6}～10^{-4} mol \cdot dm^{-3}$）。

有机光电化合物的紫外吸收光谱，一般在溶液中测定，对溶剂的选择尤为重要。同一样品在不同溶剂中其吸收光谱不尽相同，有时引起吸收峰位的位移、有时引起吸收形状的改变、有时则影响着吸收强度。一般地，极性溶剂的影响大于非极性溶剂。

在进行吸收光谱测试时，所用的溶剂在测量波段应是透明的，表 1-5 列出常用溶剂使用波长的极限，在极限以上的溶剂是透明的，在极限以下则有吸收而引起干扰。

表 1-5　常见溶剂的最低使用波长极限

溶剂	最低波长极限/nm	溶剂	最低波长极限/nm
水	210	丙酮	330
甲醇	215	异丙醇	215
乙醇	215	正丁醇	210

续表

溶剂	最低波长极限/nm	溶剂	最低波长极限/nm
甘油	230	苯	280
二氯甲烷	235	乙醚	210
氯仿	245	正己烷	210
四氯化碳	265	环己烷	210

六、思考与讨论

1. 在朗伯-比耳定律中（即 $A=\varepsilon \cdot c \cdot L$），吸光度 A 是个相对值，没有单位。请指出摩尔吸光系数（ε）的单位是什么？

2. 当测试四苯基卟啉（TPP）的吸收光谱时，如果使用的溶剂分别为四氯化碳、乙醇和丙酮时，请问如何选定波长扫描范围？

3. 卟啉的 Soret 吸收带和 Q 吸收带对应着哪些能级的跃迁？

4. 浓度效应对卟啉 Soret 吸收带和 Q 吸收带有什么影响，简述其原因。

5. 结合卟啉在不同溶剂中吸收光谱的变化，四苯基卟啉在不同溶剂（如正己烷、乙酸乙酯和 DMF）中的紫外可见吸收光谱：在 420 nm 左右有一最大吸收峰为卟啉的 Soret 带；在 515 nm、552 nm、592 nm、648 nm 左右分别有 4 个小的吸收峰，称为 Q 带。从溶剂对吸收光谱的影响可以看出，随溶剂极性由正己烷、乙酸乙酯到 DMF 依次增大，Soret 带和 Q 带均发生红移。说明吸收光谱的红移的原因是什么？倘若是发生蓝移则原因又将会是什么？

6. 试述在四苯基卟啉的 DMF 溶液中加入不同体积分数的水时，TPP 吸收光谱的变化情况，原因何在？

实验二　可溶性硅酞菁薄膜的制备与吸收光谱测定

一、实验目的

1. 学习有机薄膜材料的制备方法；
2. 了解可溶性硅酞菁的制备方法；
3. 巩固有机化合物吸收光谱测试方法；
4. 掌握酞菁配合物吸收光谱（Soret 带和 Q 带）特征。

二、实验原理

1. 酞菁化合物

酞菁化合物（H_2Pc）是由 4 个苯并吡咯通过氮原子共轭相连形成的大环结构，其结构与卟啉环颇为类似。酞菁环是由 8 个 N 原子和 16 个 sp^2 杂化的 C 原子组成的芳香大环共轭体系，是 $4n+2$ 电子稳定共轭体系，具有芳香性。当其氮上 2 个质子被金属离子取代后即形成金属酞菁配合物［图 2-1（a）］。酞菁中心氮原子具有碱性，N—H 键具有酸性，即可失去两个质子生成二价阴离子（Pc^{2-}），也可接受两个质子生成二价正离子（H_4Pc^{2+}）。因此，酞菁配体的配位能力很强，几乎可以和周期表中所有的金属原子配位形成酞菁配合物［图 2-1（b）］。酞菁化合物和金属酞菁的溶解性差，这影响其加工性。

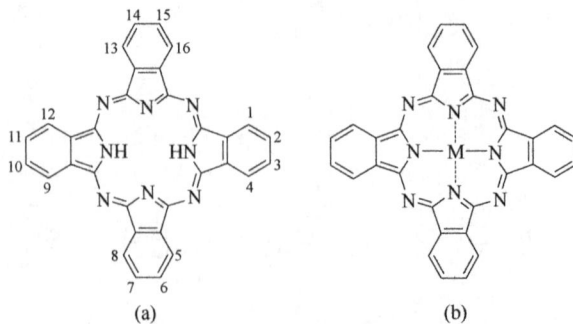

图 2-1　酞菁与金属酞菁分子结构

酞菁化合物有两个特征吸收带（图 2-2）：短波段的吸收带（位于 350 nm 附近）称作 Soret 带（又称为 B 带）；长波段的吸收带称作 Q 带，位于 700 nm 附近。B 带和 Q 带均为 π-π^* 跃迁，其中 Q 带对酞菁的光电性能影响起着决定性作用。当酞菁与金属离子（如碱金属）的配位主要为静电作用时，金属离子对 Q 带影响不大；当酞菁与金属离子（如过渡金属）以共价键配位时，Q 带明显发生红移。酞菁分子中心金属离子与一些配体形成轴向配合物，除了可以改善溶解性外，特别是从平面构型向立体构型转化后，阻碍酞菁环之间的相互作用，减少聚集态形成，提高光学活性。

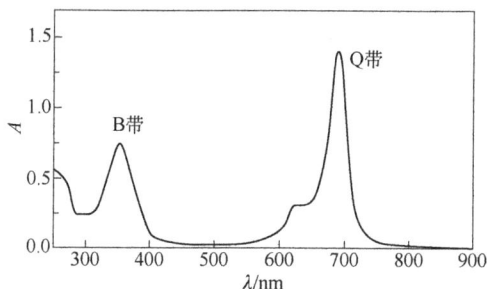

图 2-2　酞菁化合物结构与特征吸收光谱

2. 可溶性硅酞菁制备

以 50 mL 正丁醇作为溶剂，加入 0.05 g 二氯硅酞菁，1 g K_2CO_3，缓慢升温至回流温度，反应 36 h，停止反应后待温度降至室温时取出反应液，过滤。滤渣先用蒸馏水冲洗 3 次，再用无水乙醇冲洗 2 次，待干燥后用二氯甲烷冲洗，保留洗液，待洗液中的二氯甲烷挥发完后会出现蓝色粉末状样品，即为正丁氧基硅酞青。产率为 90%，合成路线如图 2-3 所示。

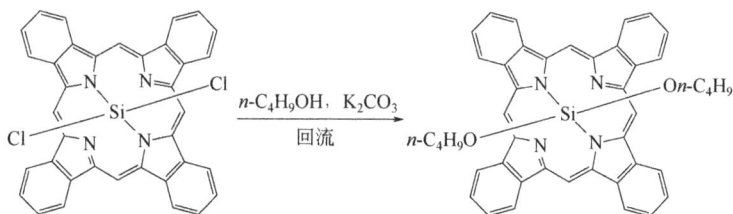

图 2-3　正丁醇取代硅酞菁[Pc-Si(OC$_4$H$_9$)$_2$]的合成路线

3. 有机薄膜制备方法

（1）真空沉积法

真空沉积法又称为热蒸镀法，是在高真空（1×10^{-4} Pa 或更低）的条件下，通过加热有机材料使之达到饱和蒸气压升华成气态，最终沉积在衬底上形成薄膜。大部分的有机小分子都可以通过真空蒸镀技术制备薄膜，特别是对于一些难溶的化合物，如酞菁铜和并五苯等材料。真空蒸镀成膜过程中，基板温度和沉积速率两个参数对薄膜的形态和器件的性能有很大的影响，如基板温度保持在室温时蒸镀的并五苯薄膜呈现高度有序的形态。

（2）溶液加工法

高分子和有些有机化合物的薄膜也可用溶液法制备，由于此法可实现低温、均一、快速、大面积的制备，是有机电子学与硅电子学（无机电子学）竞争的优势所在。最常用与简单的有机薄膜制备方法有旋涂法（spin-coating）和滴注法（drop-casting），它们对仪器的要求不高，可在大气室温的环境下制备。

滴注法是直接将溶液滴在玻璃基片或硅基片上，让其自发随着溶剂铺展开，充满整个基片，待溶剂自然挥发后，即可在基片上得到一层微米级的有机薄膜，如图2-4所示。

图 2-4　滴注法制备有机薄膜示意图

旋涂法具体操作过程如下：

① 首先将玻璃基片或硅基片放置在旋涂机的转盘中心；

② 开动旋涂机抵挡速，然后将溶液滴在基片中心，称为滴胶；滴加量由基片大小和溶液浓度决定，滴加量少了会导致涂胶不均匀，量大了会导致溶液流出，污染旋涂机；

③ 加速旋转、甩胶、挥发溶剂，即可在基片上得到一层微米级的有机薄膜（图2-5）。

(a)　　　　　　　　　　　　(b)

图 2-5　旋涂机（a）和制备的薄膜实物照片（b）

4．有机薄膜与聚集态

化合物在薄膜状态时的吸收光谱与其溶液态时的不尽相同，这是由于前者呈现的是分子的聚集态。有机分子聚集体是基于分子间的非共价键相互作用而形成的分子集合体，但不能看作是孤立分子简单的集合，而是一种具有特定结构的亚稳状态。大多数共轭分子，当其在不良溶剂中可通过分子间相互作用，形成不同堆积形式的聚集体。

分子聚集体通常可分为 J-聚集体和 H-聚集体。当共轭分子相互接近聚集时，若双方共轭平面之间的夹角大于 54.7°时，此时分子生色团为面对面（Face-to-Face）平行排列，这种聚集形式称为 H-聚集体。当共轭分子相互接近聚集时，若双方共轭平面之间的夹角小于 54.7°时，可以理解为分子呈头对尾（Head-to-Tail）的排列，这种聚集形式称为 J-聚集体，如图 2-6 所示。

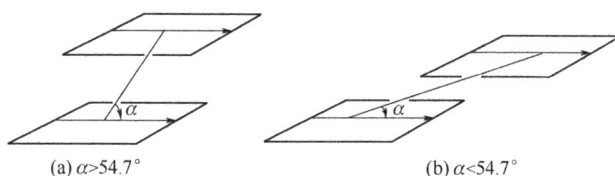

(a) $\alpha > 54.7°$　　　　　　　　　　　　(b) $\alpha < 54.7°$

图 2-6　H-聚集体（左）和 J-聚集体（右）排列示意图

聚集体的吸收光谱与单分子光谱不同。与单分子相比，H-聚集体的吸收带一般会发生蓝移，且蓝移幅度越大，表明面对面的 π-π 相互作用越强；J-聚集体的吸收带一般会红移，且红移幅度越大，表明头对尾的 π-π 相互作用越强。

三、实验仪器与试剂

仪器：电子天平、台式匀胶机（KW-4A 型）、胶管、抽气泵、载玻片（厚度 1.2 mm）、分光光度计。

试剂：PMMA、THF、乙醇、丙酮、三氯甲烷（三氯甲烷）、正丁氧基硅酞菁（自制）。

四、实验步骤

1．溶液配制

正丁氧基硅酞菁溶液配制：取一定质量的丁氧基硅酞菁溶于 THF（10 mL），配制成浓度为 $10^{-3}\ mol \cdot dm^{-3}$ 的溶液。

PMMA 溶液配制：取 1 g PMMA 溶于 30 mL 氯仿中，超声振荡片刻得到透明无色溶液。

2．正丁氧基硅酞菁薄膜制备

用玻璃刀将载玻片裁为边长为 2.5 cm 的正方形，先用洗涤剂洗净，再分别用乙醇和丙酮冲洗，放置于台式匀胶机凹槽内；

取不同体积的正丁氧基硅酞菁溶液与 PMMA 溶液混合，搅拌得到鲜艳蓝色的均匀溶液；然后用 1 mL 注射器抽取该蓝色溶液均匀滴加在 2.5 cm 的正方形载玻片上；

开启将台式匀胶机，先设置慢转速旋转 6 s 后，再设置快速旋转 40 s 即可制备烷氧基硅酞菁薄膜。其中 1～3 号样品的浓度参见表 2-1（4 号空白样用于测试吸收光谱的基线）。

表 2-1   不同浓度薄膜制备

样品序号	样品浓度	匀胶机设置
1	取 0.5 mL 正丁氧基硅酞菁溶液，与 1.5 mL 的 PMMA 溶液混合，振荡均匀	慢转速：0.3 kr/min，旋转时间：6 s
2	取 1.0 mL 正丁氧基硅酞菁溶液，与 1.0 mL 的 PMMA 溶液混合，振荡均匀	
3	取 1.5 mL 正丁氧基硅酞菁溶液与 0.5 mL 的 PMMA 溶液混合，振荡均匀	快转速：4.5 kr/min，旋转时间 40 s
4	取 0.5 mL 的 PMMA 溶液	

3．薄膜吸收光谱测试

开启紫外-可见吸收光谱仪。

先用纯 THF 溶剂扫描出基线，然后测试正丁氧基硅酞菁溶液的吸收光谱并保留数据，再以 PMMA 薄膜（4 号样）作为基线扫描，测试不同浓度的薄膜（1～3 号薄膜）的吸收光谱。

比较浓度效应（包括溶液态和不同浓度的薄膜态）对酞菁化合物的 B 带和 Q 带的吸收峰位（λ_{max}）值和吸光度的影响，并计算摩尔吸光系数（ε）。

4．数据处理（表 2-2）

表 2-2   不同浓度的烷氧基硅酞菁薄膜的吸收光谱浓度效应

编号	B 带		Q 带	
	λ_{max}/nm	$\varepsilon/L \cdot mol^{-1} \cdot cm^{-1}$	λ_{max}/nm	$\varepsilon/L \cdot mol^{-1} \cdot cm^{-1}$
1				
2				
3				
溶液态				

五、思考与讨论

1．比较卟啉和酞菁的分子结构有什么区别？

2．卟啉和酞菁的吸收光谱都有 Soret 带（B 带）和 Q 带，比较它们各自有什么不同？

3．浓度对酞菁 B 带和 Q 带有什么影响？

4．简述溶液法制备有机薄膜的几种方法；用溶液法制备有机薄膜时如何选择合适的溶剂？

5．在旋涂机甩膜操作时须注意哪些事项？

6．通过吸收光谱峰位的变化，判断出硅酞菁在薄膜态时是采取何种方式堆积排列的？这种排列方式与使用的溶剂有无关系？

实验三 8-羟基喹啉铝的制备与荧光光谱

一、实验目的

1. 掌握荧光光谱的原理和荧光光谱测试方法；
2. 掌握溶剂效应和浓度效应对荧光光谱的影响规律；
3. 学习 8-羟基喹啉铝的制备方法。

二、实验原理

1. 荧光光谱原理

分子吸收一定频率光子可从基态跃迁至激发态（一般为第一激发单线态，S_1），当分子从第一激发单线态（S_1）回落至基态（S_0）跃迁时所释放的辐射，称为荧光（Fluorescence），图 3-1 中右端直线箭头表示的是辐射跃迁过程，即荧光；波浪线表示的是非辐射跃迁过程，即热辐射。荧光光谱记录的就是辐射跃迁这一微观过程。

荧光光谱记录的是一条荧光强度与发射波长的关系曲线。如图 3-2 所示，其中，横坐标为波长（λ，单位 nm），纵坐标为荧光强度（I），这是个相对数值，无量纲量。在测试样品溶液态的荧光光谱时需要注明所用的溶剂（如 THF）和浓度（一般在 $10^{-4} \sim 10^{-6}\,mol \cdot dm^{-3}$ 之间）。

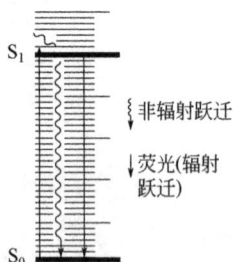

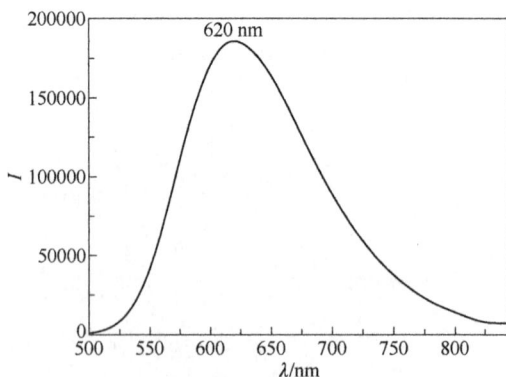

图 3-1 荧光发光原理   图 3-2 化合物 CPTZ 荧光光谱（THF，$1 \times 10^{-5}\,mol \cdot dm^{-3}$）

2. 荧光光谱的溶剂效应

讨论溶剂效应对荧光性质的影响可分为下列两种情况。

（1）当分子的激发态极性大于基态极性时

（a）若在极性溶剂中，分子激发态的稳定化作用比起基态更加强烈，导致激发态能级降低的程度更多，此时，$\Delta E_p < \Delta E$［图 3-3（a）］，将导致荧光光谱发生红移；且溶剂极性越大荧光红移幅度亦越大；能级间隙减小将增大非辐射跃迁，不利于提高荧光强度。（b）若在非极性溶剂中，分子激发态的稳定化作用将小于基态的稳定化作用，基态能级降低的程度更多一些，此时，激发态与基态之间能级差 ΔE_n 变大，即 $\Delta E_n > \Delta E$［图 3-3（b）］，结果是荧光光谱发生蓝移、荧光强度增强。

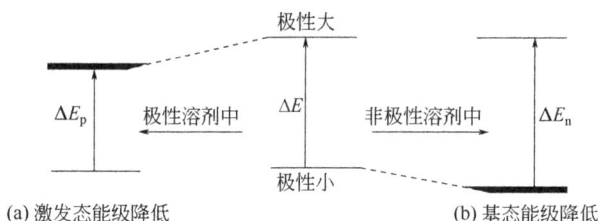

图 3-3　当分子激发态极性大于基态时，溶剂极性对荧光分子能级的影响

（2）当分子的基态极性大于激发态极性时

（a）若在极性溶剂中，分子基态的稳定化作用比起基态更加强烈，导致基态能级降低的程度更多，则激发态与基态之间能级差 ΔE_p 变大，此时，$\Delta E_p > \Delta E$［图 3-4（a）］，将导致荧光光谱发生蓝移；溶剂极性越大蓝移幅度亦越大，且常会出现荧光的振动能级结构。由于能级间隙变大将增大辐射跃迁，有利于提高荧光强度。（b）若在非极性溶剂中，分子基态的稳定化作用将小于激发态的稳定化作用，激发态能级降低的程度更多一些，ΔE_n 将变小，此时，$\Delta E_n < \Delta E$［图 3-4（b）］，荧光光谱将发生红移，由于能级间隙减小将增大非辐射跃迁，故荧光强度降低。

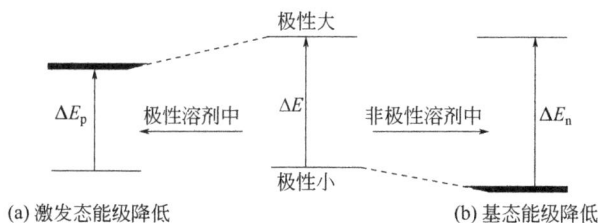

图 3-4　当分子激发态极性小于基态时，溶剂极性对荧光分子能级的影响

3. 荧光光谱的浓度效应

在一定的浓度范围内，物质的荧光随着溶液浓度的增大而增强，这是因为浓度增大意味着发光分子数目增多，有利于荧光增强；然而当浓度增大到一定程度时，由于荧光分子相互作用加强，或者形成聚集体，或者形成激基缔合物，或者形成激基复合物，引起非辐射失活导致荧光猝灭，这种现象称为浓度猝灭现象。

很多荧光分子在稀溶液中荧光发射强度高,但在聚集态与固态时其发光强度很弱或几乎不发光,这是由于团聚诱导荧光猝灭。在有机发光器件的制作中发光材料通常被镀成薄膜,因此,这种荧光猝灭也不可避免。比较 8-羟基喹啉铝在不同浓度（1 $\mu mol \cdot dm^{-3}$、5 $\mu mol \cdot dm^{-3}$ 和 10 $\mu mol \cdot dm^{-3}$）时的荧光光谱及其薄膜态的荧光光谱讨论浓度效应对其发光性质的影响。

4．8-羟基喹啉铝的制备

8-羟基喹啉铝（Alq_3）是由金属铝离子（Al^{3+}）与三个 8-羟基喹啉分子形成的金属有机螯合物（图3-5）。在 Alq_3 分子中,Al^{3+} 的电子结构与惰性气体原子结构相似,在干燥的环境中具有较强的稳定性。八羟基喹啉铝反应方程式如下:

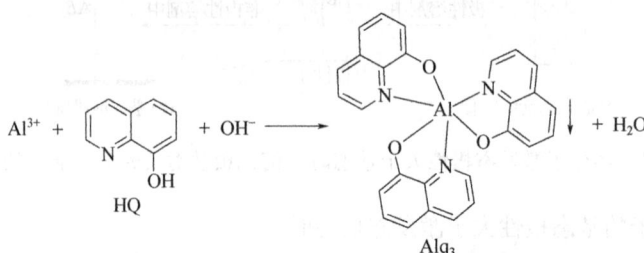

图 3-5　8-羟基喹啉铝（Alq_3）的制备路线

三、仪器与试剂

仪器:荧光光谱仪、制备装置。

试剂:8-羟基喹啉、无水乙醇、无水三氯化铝、正己烷、DMF、乙酸乙酯、NaOH稀溶液、pH 试剂等。

四、实验步骤

1．8-羟基喹啉铝（Alq_3）制备

安装反应装置,在圆底烧瓶中迅速加入 0.65 g（0.05 mol）无水三氯化铝与 2.27 g（0.15 mol）8-羟基喹啉,再迅速加入 25 mL 无水乙醇中,加料完毕后升温搅拌至回流,调节溶液的 pH 值偏碱性,反应液中不断得到亮黄色 8-羟基喹啉铝（Alq_3）沉淀。过滤、烘干、沉重,计算产率。

2．溶液配制

用电子天平准确称取 3～5 mg 的 8-羟基喹啉铝（Alq_3）,倒入 10 mL 容量瓶中,用乙酸乙酯溶剂溶解并稀释至刻度,配制成浓度约为 $10^{-3} mol \cdot dm^{-3}$ 的溶液,再准确稀释成 1 $\mu mol \cdot dm^{-3}$、5 $\mu mol \cdot dm^{-3}$ 和 10 $\mu mol \cdot dm^{-3}$ 三种浓度的乙酸乙酯溶液。

类似地，再分别用正己烷和 DMF 作溶剂，配制得到 5 μmol · dm^{-3} 的正己烷和 DMF 溶液。

3．荧光光谱测定

将三种不同溶剂（正己烷、乙酸乙酯和 DMF）的 8-羟基喹啉铝溶液（浓度均为 5 μmol· dm^{-3}）在荧光光谱仪上测定其荧光光谱，读取最大发光峰位和荧光强度。

在荧光光谱仪上测定三种不同浓度（1 μmol · dm^{-3}、5 μmol · dm^{-3} 和 10 μmol · dm^{-3}）8-羟基喹啉铝乙酸乙酯溶液的荧光光谱，读取最大发光峰位和荧光强度。

4．数据处理（表 3-1）

表 3-1　8-羟基喹啉铝荧光光谱数据

溶剂效应 （浓度：5 μmol · dm^{-3}）	荧光峰位	荧光强度	浓度效应 （溶剂：乙酸乙酯）	荧光峰位	荧光强度
正己烷			1 μmol · dm^{-3}		
乙酸乙酯			5 μmol · dm^{-3}		
DMF			10 μmol · dm^{-3}		

五、瞬态-稳态荧光光谱仪简介

瞬态-稳态荧光光谱仪是用于扫描发光物质所发出的荧光光谱的一种仪器。可供测定荧光激发光谱、荧光发射光谱和荧光寿命等物理参数，也能用于测试磷光光谱和磷光寿命。

物质荧光的产生是由处于基态的物质分子吸收激发光后变为激发态，这些处于激发态的分子是不稳定的，在返回基态的过程中将一部分的能量又以光的形式放出，从而产生荧光。FLS-920 型瞬态-稳态荧光光谱仪见图 3-6 所示。

图 3-6　FLS-920 型瞬态-稳态荧光光谱仪示意图

　　不同物质由于分子结构不同，其激发态能级的分布具有各自不同的特征，这种特征反映在荧光上表现为各种物质都有其特征荧光激发和发射光谱；因此可以用荧光激发和发射光谱的不同来定性或定量地进行物质的鉴定。

　　FLS-920 型瞬态-稳态荧光光谱仪仪器示意图及所含的部件如图 3-6 所示。

　　（1）光源

　　由氙灯发出白光（波长为 200~1000 nm，功率为 450 W），作为测试光源。

　　（2）激发单色器

　　激发单色器作用是将白光过滤后得到所需的单色波长作为激发光源，激发单色器置于光源和样品支架之间，又称为第一单色器。

　　（3）发射单色器

　　置于样品支架和探测器之间的为发射单色器或第二单色器，常采用光栅为单色器。

　　（4）样品支架

　　通常由石英池（液体样品用）或固体样品架（粉末或片状样品）组成。测量液体时，光源与检测器成直角排列；测量固体时，光源与检测器成锐角排列。

　　（5）探测器

　　一般用光电管或光电倍增管作探测器，可将光信号放大并转为电信号。

　　荧光光谱仪的工作原理：由氙灯发出白光经激发单色器过滤后得到所需的波长的光照射到样品池中，激发样品发出荧光，后经发射单色器过滤并反射后，被光电倍增管所接受，然后以曲线的形式显示出来。

六、思考与讨论

　　1. 通常 8-羟基喹啉铝的制备产率大于 90%。对比自己所得产率，找出改进之处。

　　2. 通过 8-羟基喹啉铝的制备，可否想过制备相应的衍生物？比如说 8-羟基喹啉镓？或者是用 8-羟基喹啉衍生物作为原料？试写出相应的化学反应式。

　　3. 通过表 3-1 中的测试结果，讨论溶剂效应和浓度效应对 8-羟基喹啉铝的荧光性质的影响。

　　4. 通过 8-羟基喹啉铝在不同溶剂中荧光光谱的变化，比较该分子基态和激发态的性质，并用给出能级示意图。

　　5. Alq₃ 除了作为电致发光材料之外，在 OLED 器件中还常作为电子传输材料使用，试用分子结构解释原因。

实验四　8-羟基喹啉铝量子产率的测定

一、实验目的

1. 了解测定荧光荧光量子产率的方法；
2. 掌握用参比法测量荧光量子产率的方法。

二、实验原理

化合物荧光量子产率定义为：化合物发射的光子数与吸收的光子数之比，或者是化合物荧光发射强度与其被吸收光的强度之比。通过吸收光谱和荧光光谱的测定，可计算出物质的荧光量子产率（Φ_f）。

荧光量子产率的测定通常用参比法测定，通过比较待测样品和参比物在相同激发条件下的积分荧光强度和吸光度，按公式（4-1）计算得到。

$$\Phi_s = \Phi_r \times \frac{F_s \times A_r \times n_s^2}{F_r \times A_s \times n_r^2} \qquad (4\text{-}1)$$

式中，Φ_s（即Φ_f）和Φ_r分别表示待测样品（Sample）和参比物（Reference）的荧光量子产率；F_s和F_r分别表示待测样品和参比物的积分荧光强度；A_s和A_r分别表示待测样品和参比物对该激发波长下的吸光度；n为溶液的折射率。稀溶液的折射率可用溶剂的折射率代替，若参比物溶液和待测物溶液使用相同的溶剂时，公式（4-1）中的折射率项可以删去。

常用的参比物有硫酸奎宁、罗丹明 6G 和荧光素等，它们的荧光量子产率数值见表 4-1 所示。在配制溶液时待测样和参比物的浓度要尽量地稀，一般是以激发波长处的吸光度 A 不大于 0.05 为宜，以免发生自吸收现象，使测试数据偏小。

表 4-1　常见参比物的荧光量子产率

名称	溶剂	λ_{ex}/nm	量子产率
硫酸奎宁	0.1 mol·dm^{-3} 硫酸	366	0.53
联吡啶钌 [$Ru(bpy)_3^{2+}$]	乙腈	380	0.062
罗丹明 6G	乙醇	488	0.94
荧光素	1 mol·L^{-1} NaOH	496	0.95

荧光量子产率 Φ_f 数值在 0~1.0 之间，由于存在一系列的非辐射跃迁，通常物质的荧光量子产率都小于 1.0。

三、仪器与试剂

仪器：紫外-可见吸收光谱仪、荧光光谱仪、比色皿、容量瓶等。

试剂：8-羟基喹啉铝、乙腈、联吡啶钌配合物 $[Ru(bpy)_3^{2+}]$。

四、实验步骤

1. 分别配制 8-羟基喹啉铝（Alq₃）乙腈溶液（20 $\mu mol \cdot dm^{-3}$）和 $Ru(bpy)_3^{2+}$ 乙腈溶液（20 $\mu mol \cdot dm^{-3}$）；

2. 测量 8-羟基喹啉铝（20 $\mu mol \cdot dm^{-3}$）和 $Ru(bpy)_3^{2+}$（20 $\mu mol \cdot dm^{-3}$）乙腈溶液的紫外吸收光谱，分别记下 8-羟基喹啉铝的吸光度（A_s）和联吡啶钌的吸光度（A_r）的数值；

3. 根据参比物和待测物的吸收波长，可知二者在 380 nm 处均有明显的吸收，故选择 380 nm 作为激发波长，分别测试 8-羟基喹啉铝和 $Ru(bpy)_3^{2+}$ 的荧光光谱，分别记下 8-羟基喹啉铝（F_s）和联吡啶钌（F_r）的荧光积分面积数值；

4. 实验中使用的溶剂均为乙腈，且均为稀溶液，可忽略溶溶液折射率的影响（即 n_s 和 n_r 近似相等），根据公式计算 8-羟基喹啉铝的荧光量子产率。

5. 数据处理（表 4-2）

表 4-2　8-羟基喹啉铝（Alq₃）荧光量子产率

参比物	$Ru(bpy)_3^{2+}$	待测物	Alq₃
吸光度（A_r）		吸光度（A_s）	
荧光积分面积（F_r）		荧光积分面积（F_s）	
溶液折射率（n_r）		溶液折射率（n_s）	
荧光量子产率（Φ_r）		荧光量子产率（Φ_s）	

五、思考与讨论

1. 采用参比法测量荧光量子产率时，激发波长的选择上有什么要求？

2. 荧光量子产率的测定有绝对法和相对法，前者可以用积分球方法测定，简述一下用该方法测定的大致原理和步骤。

3．自行设计一个方案，测试四苯基卟啉的荧光量子产率（已知卟啉的最大吸收波长在 420 nm 处）。

4．参见表 4-1，在用参比法测定荧光量子产率时，如何选择参比物？

5．发光材料的荧光量子产率受哪些因素的影响？

6．如何设计高荧光量子产率的有机发光材料？试自行设计几个实例。

5．目标产品一个实验，用荧光光谱仪和紫外光谱仪可发测量其最大发射峰。探测 450 nm 处。

4．荧光峰：观察出激发光谱线其发射峰强度如最强？

6．测量目标荧光产品实验曲线获得荧光光谱处自由产品？

实验五　8-羟基喹啉铝的瞬态光谱与荧光寿命

一、实验目的

1. 理解物质瞬态光谱的原理；
2. 学习 8-羟基喹啉铝的瞬态光谱测试和荧光寿命拟合方法；
3. 学习荧光分子的辐射衰变速率常数（k_f）和非辐射衰变速率常数（k_{nf}）的计算方法。

二、实验原理

荧光寿命（τ_f）是荧光分子的最大荧光强度衰减为初始的 1/e 所经历的时间，可通过瞬态荧光光谱仪测得。可用参考灯为基准测出荧光衰减曲线（如图 5-1 所示），也可不用参考灯直接测试（如图 5-2 所示），这些曲线只是反映出待测样品的荧光强度随时间的变化关系，然后需要通过软件程序对该荧光衰减曲线进行拟合才能得出测试样品的荧光寿命（τ_f）。

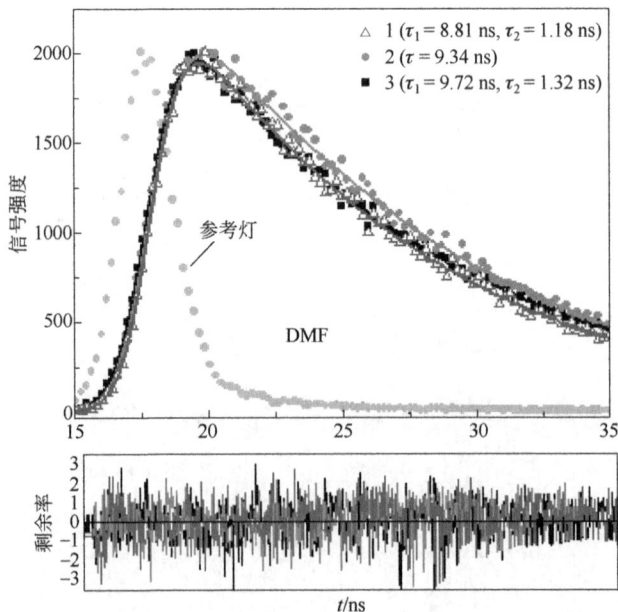

图 5-1　卟啉衍生物荧光衰减曲线（DMF，$1 \times 10^{-5}\,\text{mol} \cdot \text{dm}^{-3}$）与拟合寿命

图 5-1 是测试样品中 1～3 号样品的荧光衰减曲线，通过软件拟合后得出 **1** 号样品有两个寿命（分别是 $\tau_1 = 8.81$ ns，$\tau_2 = 1.18$ ns），**2** 号样品只有 1 个寿命（$\tau = 9.34$ ns），**3** 号样品有两个寿命（分别是 $\tau_1 = 9.72$ ns，$\tau_2 = 1.32$ ns）。两个寿命说明该样品有两个主要发光成分（或构型），拟合的相关性可通过荧光衰减曲线下方的剩余率（Residuals）表示。

辐射衰变速率常数（又称为荧光速率常数，k_f）和非辐射衰减速率常数（k_{nf}）可通过荧光量子产率和荧光寿命来计算：即 $k_f = \Phi_f / \tau_f$ 和 $k_{nf} = k_f (1 - \Phi_f) / \Phi_f$。当 $k_f > k_{nf}$ 时，该物质荧光较强，反之则较弱。

三、仪器试剂

1. 仪器：瞬态荧光光谱仪、电子天平、比色皿、容量瓶等。
2. 试剂：8-羟基喹啉铝、乙醇、乙腈等。

四、实验步骤

1. 分别配制 10 mL、浓度为 8×10^{-6} mol · dm^{-3} 8-羟基喹啉铝的乙腈溶液和乙醇溶液；

2. 将爱丁堡 FLS-920 型荧光光谱仪开机预热，待用。

3. 移取 3 mL 的 8-羟基喹啉铝的乙腈溶液放置于光程为 1 cm 规格的石英比色皿中，然后将比色皿放置于光谱仪的比色槽中，打开 nF900 软件，根据 8-羟基喹啉铝的最佳激发波长和最佳发射波长设置好参数，然后开始测试，最终得到 8-羟基喹啉铝乙腈溶液的瞬态光谱（见图 5-2）。

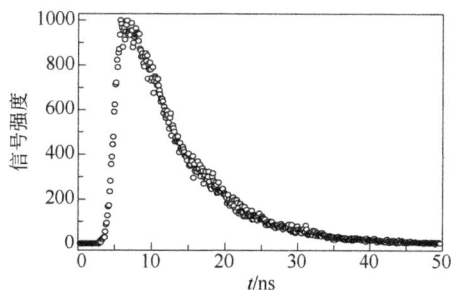

图 5-2　8-羟基喹啉铝乙腈溶液的瞬态荧光光谱（即荧光衰减曲线）

按照相同的方法，测试 8-羟基喹啉铝的乙醇溶液的瞬态荧光光谱。

4. 在 nF900 软件的帮助下，对该物质的瞬态光谱（荧光寿命衰减曲线）进行曲线拟合，以满足拟合指数 $\chi^2 < 1.0$ 为准，获得荧光寿命。保存寿命拟合图并记录数据。

5. 数据处理（表 5-1）

表 5-1　8-羟基喹啉铝（Alq_3）动力学数据（荧光寿命、辐射衰变和非辐射衰变常数）

乙醇溶剂		乙腈溶剂	
拟合寿命（τ_f）/ns		拟合寿命（τ_f）/ns	
辐射衰变常数（k_f）		辐射衰变常数（k_f）	
非辐射衰变常数（k_{nf}）		非辐射衰变常数（k_{nf}）	

五、思考与讨论

1. 物质的瞬态光谱与稳态光谱有何区别？在测试瞬态荧光光谱时，选择何种激发光源？

2. 如何通过瞬态荧光光谱来拟合荧光寿命的？化合物的荧光寿命能反映化合物的何种性质？

3. 物质的荧光寿命长或短，在发光材料和储能材料的应用上有区别吗？

4. 比较 8-羟基喹啉铝（Alq_3）在乙腈和乙醇中荧光寿命、辐射衰变和非辐射衰变常数的不同，讨论溶剂效应对其影响。

实验六 四苯基卟啉钯的荧光寿命
与磷光寿命的测定

一、实验目的

1．理解磷光光谱的原理；

2．学习四苯基卟啉钯的瞬态光谱测试方法；

3．学习荧光寿命与磷光寿命拟合方法。

二、实验原理

当分子从基态（S_0）被激发到激发单线态（S_1）后，不是直接回落至基态而是发生系间窜跃至激发三线态（T_1），再经辐射跃迁回落至基态（各振动能级），这一辐射衰减过程发出的光称为磷光，即磷光是来自三线态的辐射衰变，可表示为：$T_1 \rightarrow S_0 + h\nu_p$。相应的能级图如图 6-1（右端）所示。

与荧光光谱相比，磷光辐射的波长比荧光长，磷光光谱总是在荧光光谱右侧。且磷光光谱的寿命要长于荧光，如图 6-2 为四甲苯基卟啉钯的发射光谱，共有 4 个发光带，峰位分别在 568 nm、611 nm 和 661 nm 和 734 nm 处。欲知这些发光带属于荧光峰还是磷光峰，则需要通过测其瞬态光谱，并通过拟合得出相应的寿命来判断。

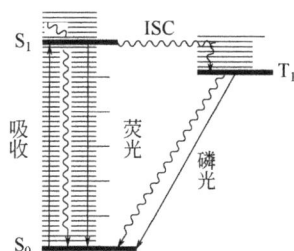

图 6-1　荧光与磷光过程 Joblonski 图

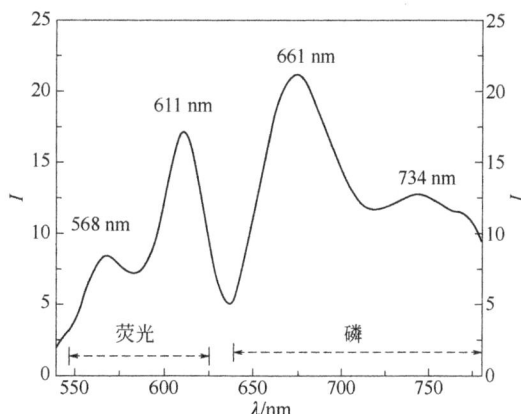

图 6-2　在 Q 带激发下，四甲苯基卟啉钯的发光光谱（室温、氮气氛、8 μmol·dm⁻³、DMF 溶剂）

一般地，磷光寿命长，通常在微秒至毫秒（μs~ms）数量级：大约 $10^{-4} \sim 10^{-1}$ s；

而荧光则是 $S_1 \rightarrow S_0$ 的辐射跃迁结果，这种跃迁是自旋跃迁允许的，荧光速率常数大，荧光寿命短，通常在 $10^{-7} \sim 10^{-9}$ s。如图 6-2 所示，峰位分别在 568 nm 和 611 nm 的 2 个发光带为荧光，峰位在 661 nm 和 734 nm 的 2 个发光带为磷光；因为前者寿命在纳秒数量级，后者寿命在微秒数量级。

三、仪器试剂

仪器：爱丁堡 FLS-920 型荧光分光光度、比色皿、容量瓶。

试剂：四苯基卟啉钯、乙醇等。

四、实验步骤

1．配制 10mL、浓度为 8×10^{-6} mol·dm^{-3} 四苯基卟啉钯乙醇溶液。

2．将爱丁堡 FLS-920 型荧光光谱仪开机预热，待用。

3．将盛有四苯基卟啉钯乙醇溶液的石英比色皿放置于样品槽内，打开 nF900 软件，将激发波长设置在 Q 带，扫描 560~900 nm 范围的发射光谱，保存。

4．打开瞬态光谱测试软件，将激发波长设置在卟啉化合物的 Q 带、发射波长分别设置在所获得的发射带峰位，如 568 nm、611 nm、661 nm 和 734 nm 处，分别扫描时间-发光强度的光谱曲线，得到若干（如 4 个）瞬态光谱；

5．在 nF900 软件的帮助下，对该物质的瞬态光谱（寿命衰减曲线）进行曲线拟合，以满足拟合指数 $\chi^2 < 1.1$ 为准，分别获得寿命数值，最后根据寿命数值来判断相应的光谱是荧光还是磷光。保存寿命拟合图并记录数据。

6．数据处理（表 6-1）

表 6-1　四苯基卟啉钯荧光寿命和磷光拟合数据

荧光性质		磷光性质	
荧光峰位/nm		磷光峰位/nm	
荧光强度（I_f）		磷光强度（I_f）	
荧光寿命/ns		磷光寿命/μs	

五、思考与讨论

1．荧光和磷光的数学表达式是什么？

2．影响有机物磷光强度的因素有哪些？

3．荧光辐射和磷光辐射是两个竞争过程，如何提高物质的磷光强度？

4．重金属有机配合物一般具有高效磷光，试给出几个实例。

5．荧光光谱和磷光光谱，哪一个位于长波长区？

6．在四苯基卟啉钯数个发光带中，如何甄别出荧光和磷光？

实验七　芘甲醛荧光化学传感性能测定

一、实验目的

1. 了解荧光传感分子的工作原理和分子结构设计思想；
2. 掌握芘甲醛的甲醇传感器的工作原理；
3. 学习荧光化学传感特性的测试方法。

二、实验原理

荧光化学传感分子是由于外来物种存在而引起其荧光性质（如荧光强度或荧光位移或荧光寿命等）发生显著变化。荧光传感分子在结构上由三个部分构成，分别为：荧光报告器（Reportor）、接收器（Receiver）与连接器（Relay）部分，简称 3R 结构。此外，荧光传感分子还需要具有高度灵敏性（Sensitivity）和卓越的选择性（Selectivity），简称 2S 特性。当接收器和外来物种结合后，导致荧光化学传感分子的物理性质变化，如荧光猝灭、荧光增强或荧光峰位位移（即发光颜色改变），进而达到传递某些特定信息的目的。

芘甲醛分子由于醛基的微扰使得芘甲醛不发光。当醇羟基与醛基作用形成氢键后，芘甲醛的荧光量子产率将发生突跃性增大，因而具有识别醇的作用。具体机理是：芘甲醛的激发单线态属于 n-π*跃迁，在溶液中不发光；当醛基与醇羟基形成氢键后，使化合物分子的最低激发单线态由于 n-π*跃迁转化为π-π*跃迁，发光能力大大增强，从而传递外来物种即醇入侵的信息。芘甲醛在与氢键诱导下 n-π*跃迁转化为π-π*跃迁的能级变化如图 7-1 所示。

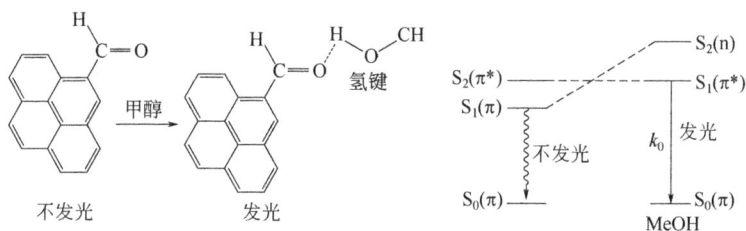

图 7-1　甲醇诱导芘甲醛发光机理

图 7-2 是将芘甲醛的正己烷溶液滴入不同溶剂中（所得溶液浓度为 $50\ \mu mol \cdot dm^{-3}$）测得的荧光响应情况。可见，芘甲醛对于醇类具有很好的荧光响应；对于含氧非

醇类溶剂（如 DMF、THF 和二氧六环等）与不含氧溶剂（如甲苯、氯仿和乙腈等），则几乎没有荧光响应。

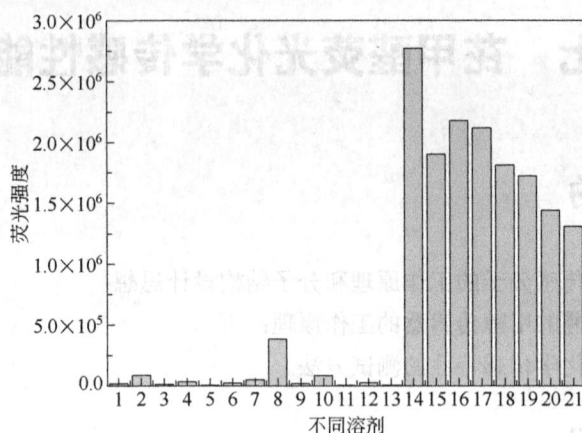

图 7-2　芘甲醛（50 μmol·dm^{-3}）在不同溶剂中的荧光响应

1—1,4-二氧六环，2—丙酮，3—四氯化碳，4—DMF，5—环己烷，6—甲苯，7—氯苯，8—三氯甲烷，
9—THF，10—乙腈，11—乙醚，12—乙酸乙酯，13—正己烷，14—甲醇，15—乙醇，16—正丙醇，
17—正丁醇，18—正戊醇，19—正己醇，20—正庚醇，21—正辛醇

以芘甲醛在 450 nm 处的荧光强度为纵坐标、甲醇的浓度为横坐标作图（如图 7-3 所示）可以看出：随着甲醇摩尔浓度的增加，芘甲醛的荧光强度剧增，近似一条直线，据此工作曲线可检测一定浓度范围内的甲醇含量。

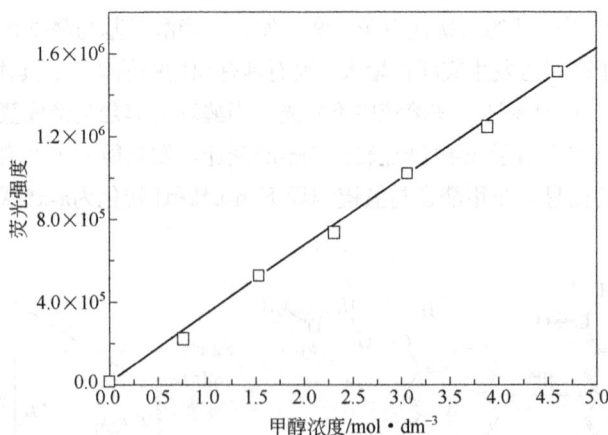

图 7-3　芘甲醛荧光强度与甲醇浓度的关系（芘甲醛浓度 50 μmol·dm^{-3}，甲苯溶剂）

三、仪器与试剂

1. 仪器：荧光光谱仪、比色皿、移液器、容量瓶等。

2．试剂：甲醇（光谱纯）、芘甲醛、甲苯（光谱纯）、乙醇、丙酮、DMF 等。

四、实验步骤

1．溶液配制

（1）配制不同溶剂的芘甲醛溶液。称取一定量芘甲醛于洁净的 10 mL 容量瓶内，以甲苯为溶剂定容，配制得浓度为 1 mol·dm^{-3} 的甲苯溶液为母液。

（2）用丙酮、DMF、甲醇为溶剂，将芘甲醛母液稀释为浓度为 5 mmol·dm^{-3} 芘甲醛的丙酮、DMF 和甲醇溶液，分别记为 1 号、2 号和 3 号。

（3）配制不同体积比的芘甲醛甲醇溶液，向上述母液中分别加入 0.2 mL、0.4 mL、0.6 mL 和 0.8 mL 的甲醇，得到体积比分别为 0.02∶1、0.04∶1、0.06∶1 和 0.08∶1 的芘甲醛甲醇溶液。

（4）向母液中加入一定体积的甲醇，制成未知浓度的样品。

2．荧光光谱测试

（1）开启荧光光谱仪，预热待用。
（2）测试丙酮、DMF 和甲醇不同溶剂的芘甲醛溶液的荧光光谱；
（3）测试不同体积比的芘甲醛甲醇溶液的荧光光谱，制作工作曲线；
（4）测试未知浓度的芘甲醛甲醇溶液样品的荧光光谱，在工作曲线中找出。

3．数据处理

测试结果列于表 7-1 中，并检测出未知浓度为＿＿＿＿＿。

表 7-1　芘甲醛荧光传感检测甲醇及其含量

编号	芘甲醛荧光强度	溶剂种类
1 号		
2 号		
3 号		
甲醇体积/mL		芘甲醛荧光强度
0.2		
0.4		
0.6		
0.8		
未知样品		

五、思考与讨论

1．简述荧光化学传感器的工作原理？

2．试分析本实验中芘甲醛作为甲醇的荧光传感分子的局限性。

3．芘甲醛荧光化学传感器对甲醇响应的工作原理是什么？

4．芘甲醛作为荧光传感分子，其报告器功能和接收器功能分别对应哪个基团？

5．芘甲醛荧光化学传感器对乙醇有无响应？

6．何为荧光化学传感分子的 3R 结构与 2S 特性？指出芘甲醛分子中每个基团的功能（3R）和 2S 特性。

实验八　Stern-Volmer 猝灭常数的测定

一、实验目的

1. 了解分子间辐射能量转移和非辐射能量转移的两种典型形式；
2. 掌握荧光传感器的工作原理和信号表达的三种形式；
3. 掌握分子间非辐射能量转移效率的测试方法。

二、实验原理

当 A 分子的荧光（或磷光）强度随着体系中 B 分子浓度的增大而降低时，B 分子称为 A 分子的荧光猝灭剂（Q）。A 分子的荧光（磷光）降低与猝灭剂浓度之间存在线性关系，这种关系可用一数学表达式表示，称为 Stern-Volmer 方程，可用式（8-1）表示。式中 F_0 和 F_Q 分别为无猝灭剂和有猝灭剂时 A 分子的荧光积分面积，τ_0 为无猝灭剂时 A 分子的荧光寿命，k_Q 为猝灭常数，k_{SV} 为 Stern-Volmer 常数。

$$\frac{F_0}{F_Q} = k_Q \tau_0 [Q] + 1 = k_{SV}[Q] + 1 \qquad (8\text{-}1)$$

以猝灭剂摩尔浓度[Q]为横坐标，F_0/F_Q 比值为纵坐标，可拟合得出一条直线，由直线斜率得出 Stern-Volmer 常数（k_{SV}），若已知荧光分子的寿命（τ_0），即可求出为猝灭常数（k_Q）。k_{SV} 和 k_Q 值越大，表示荧光分子对猝灭剂越敏感，也反映出猝灭剂和发光分子之间的非辐射能量转移效率越大。

如实验中分别以咔唑-苯并噻二唑衍生物（CPTZ1 和 CPTZ2）为荧光传感分子，测试它们对质子[H$^+$]的传感性，见图 8-1。

三、仪器与试剂

仪器：荧光光谱仪、比色皿、容量瓶；
试剂：荧光分子（CPTZ1、CPTZ2）、THF、蒸馏水等。

有荧光

荧光猝灭

CPTZ1

有荧光

CPTZ2

荧光猝灭

CPTZ2

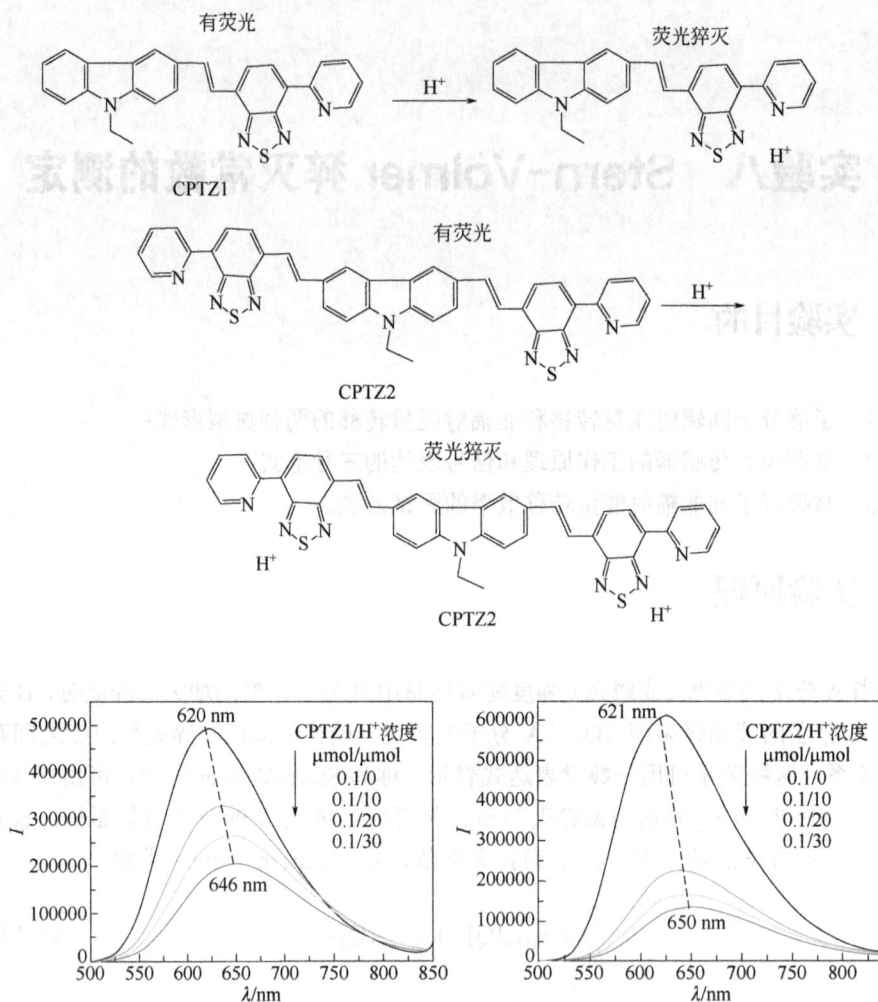

图 8-1　荧光分子（CPTZ1、CPTZ2）被质子猝灭的机理与光谱变化

四、猝灭常数测定

1. 称取发光分子 CPTZ1，配制两份浓度均为 $1\times10^{-4}\ mol\cdot dm^{-3}$ 的 THF 溶液，分别标记为 1 号样和 2 号样，待测。

2. 称取发光分子 CPTZ2，配制两份浓度均为 $1\times10^{-4}\ mol\cdot dm^{-3}$ 的 THF 溶液，分别标记为 3 号样和 4 号样，待测。

3. 量取一定量的盐酸溶液于容量瓶中，用去离子水定容至 50 mL，配制成浓度为 $1\ mol\cdot dm^{-3}$ 的盐酸溶液。

4. 测试 1 号样和 3 号样的荧光寿命数值（τ_1 和 τ_2）。

5. 在 2 号样和 4 号样中，分别加入质子溶液，测试当质子的加入量从由 0 μmol

增加到 30 μmol 时，发光分子的荧光峰位和荧光强度变化，记录数据保存光谱（见图 8-1）。

6．数据处理（表 8-1 和表 8-2）

表 8-1　CPTZ1 和 CPTZ2 对质子的荧光传感性能检测

编号	$[H^+]$加入量/μmol	CPTZ1 荧光强度变化	CPTZ2 荧光强度变化
1	0		
2	5		
3	10		
4	15		
5	20		
6	30		

表 8-2　Stern-Volmer 猝灭常数计算值与作图

	CPTZ1	CPTZ2
τ_1 或 τ_1		
k_{SV}		
k_Q		

五、思考与讨论

1．不同分子之间能量转移的条件是什么？是以何种形式发生的？

2．在本实验中得出的 Stern-Volmer 曲线的斜率为正，代表什么含义？若斜率为负又代表什么含义？

3．Stern-Volmer 猝灭常数代表着荧光猝灭还是磷光猝灭？还是两者都可以测定？

4．通过猝灭常数测定可以反映分子之间能量转移，这与本次实验检测质子传感有何关联？

5．如图 8-2，为什么用 CPTZ1 和 CPTZ2 对质子的 Stern-Volmer 曲线的斜率不同，其物理意义是什么？

6．可否用 Stern-Volmer 方程来测定自然界中某些光合作用的效率？

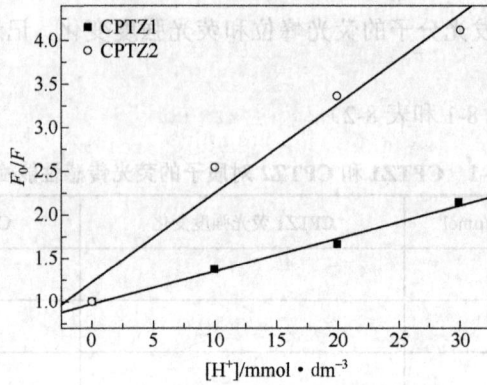

图 8-2　CPTZ1 和 CPTZ2 对质子的荧光传感 Stern-Volmer 方程作图

实验九　二茂铁循环伏安曲线的测定

一、实验目的

1. 熟悉电化学工作站原理与使用；
2. 学会用电化学工作站测定二茂铁循环伏安曲线基本方法；
3. 学会根据循环曲线测定 HOMO 和 LUMO 分子能级的方法。

二、实验原理

1. 电化学工作站简介

电化学工作站（Electrochemical workstation）是电化学测量系统的简称，主要用来测试循环伏安曲线，据此测试样品在溶液态和薄膜状态下的氧化-还原行为。通过循环伏安曲线还可获得样品的最高占据分子轨道（HOMO）与最低未占据分子轨道（LUMO）及其能级差（E_g = HOMO−LUMO）。通过 HOMO 能级和 LUMO 能级可预测电子的传输能力，对于研究有机半导体性质、电致变色性质和电致发光性质具有重要意义。

电化学工作站有二电极、三电极和四电极，通常电化学工作站为三电极体系。对于三电极体系来说，相应的三个电极为工作电极、参比电极和对电极（辅助电极），如图 9-1 所示。

图 9-1　电化学工作站及其三电极

（1）工作电极（Working electrode）
又称研究电极，所研究的反应在该电极上发生。工作电极可以是固体（即能导电的固体材料均可作为工作电极），也可以是液体。对于工作电极的要求是：所研究的电化学反应不会因电极自身所发生的反应而受到影响，且能够在较大的电位区域中进行测定；电极必须不与溶剂或电解液组分发生反应；电极面积不宜太大，且洁净平滑。

（2）对电极（Counter electrode）

又称辅助电极，起着存储离子和平衡离子的作用。对电极和工作电极组成回路，使工作电极上电流畅通，以保证所研究的反应在工作电极上发生。对电极本身电阻要小，不易极化。通常用 Pt 丝作为对电极。

（3）参比电极（Reference electrode）

是一个已知电势的接近于理想不极化的电极。工作时，参比电极上基本没有电流通过，它的作用是用来测定工作电极（相对于参比电极）的电极电势值。在控制电位实验中，因为参比半电池保持固定的电势，因而加到电化学池上的电势的任何变化值直接表现在工作电极/电解质溶液的界面上。

不同研究体系可选择不同的参比电极。水溶液体系中常见的参比电极有饱和甘汞电极（SCE）、Ag/AgCl 电极和标准氢电极(SHE 或 NHE)等。室温下在氮气保护下采用 CHI 601B 型电化学工作系统测定二茂铁的循环伏安曲线，采用三电极体系，对电极为铂丝电极，工作电极为玻碳电极，参比电极为 Ag/AgCl 电极，工作电极在测试前经打磨抛光清洗。

2. 二茂铁简介

二茂铁（化学名称双环戊二烯基铁）是一种具有三明治结构的金属有机化合物，在常温下呈橙色晶状，不溶于水，易溶于有机溶剂（如环己环、苯和乙醇），化学性质稳定，有类似樟脑的气味，熔点 172~174 ℃，沸点 249 ℃，高于 100 ℃升华。二茂铁及其衍生物可用作紫外线吸收剂。二茂铁的循环伏安曲线特征显著，在电化学测试中常用二茂铁作为电解质。

二茂铁合成反应路线（图9-2）：在氮气氛下，在装有回流冷凝管的 250 mL 的三口瓶中加入新蒸的 THF，搅拌下分批加入 27.1 g 无水三氯化铁，加热后可观察到反应液渐渐变为棕色。加料完成后，可一次性加入 4.7 g 还原铁粉，水浴加热回流 4～5 h 后停止反应。减压除去 THF 后，反应瓶内的剩余物呈枣红色粉末状，即为氯化亚铁。再安装成回流装置，加入环戊二烯回流反应 4 h 后停止反应。冷却、浓缩、柱色谱分离，得到产品二茂铁。

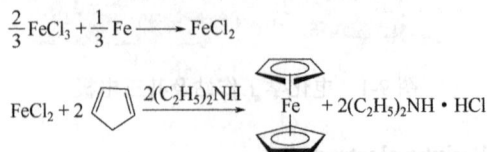

$$\frac{2}{3}FeCl_3 + \frac{1}{3}Fe \longrightarrow FeCl_2$$

$$FeCl_2 + 2\,\Diamond \xrightarrow{2(C_2H_5)_2NH} Fe + 2(C_2H_5)_2NH \cdot HCl$$

图 9-2　二茂铁合成反应路线图

三、仪器与试剂

1. 仪器：电化学工作站及其三电极。
2. 试剂：二茂铁乙腈溶液（$1mmol \cdot dm^{-3}$）、四丁基高氯酸铵（TBAP）。

四、实验步骤

1. 配制含有四丁基高氯酸铵（$0.1mmol \cdot dm^{-3}$）的二茂铁乙腈溶液（$1\ mmol \cdot dm^{-3}$）。
2. 将上述溶液倒入电解池中，通入高纯氮气 10 min 以除去溶液中溶解的氧气，并在实验过程中持续通入氮气。
3. 将电化学工作站电源线和电极连接：一般地是红色夹子连接对电极，绿色夹子连接工作电极，白色夹子连接参比电极。
4. 待电源线和电极连接好后，将三电极插入含有上述溶液的电解池中。
5. 打开电化学工作站电源，双击桌面 CHI 快捷方式图标，显示出 CHI 工作站控制界面，如图 9-3 所示。然后将 CHI660B 仪器的预调节：打开 CHI660B 的电脑操作界面，选择循环伏安法，然后设置所需的实验参数（Parameters），如扫描范围调节在 $-0.4 \sim 1.0$ V，扫描速率调在 50 mV/s。

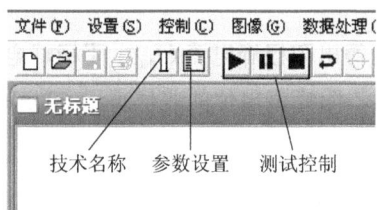

图 9-3　CHI 工作站控制界面

6. 若选择的参数超出了测试范围，程序会发出警告并显示出许可范围，以供修改。在数据采样不溢出的情况下，应选择尽可能高的灵敏度（Sensitivity），这样模/数转换器可充分利用其动态范围以保证数据有较高的精度和较高的信噪比。
7. 点击运行（Run），启动实验测量。点击开始键（Start），进行扫描，扫描完成后得到一条闭合的循环 I-V 曲线（横坐标为电压，纵坐标为电流），为循环伏安曲线，如图 9-4 所示，点击保存键。

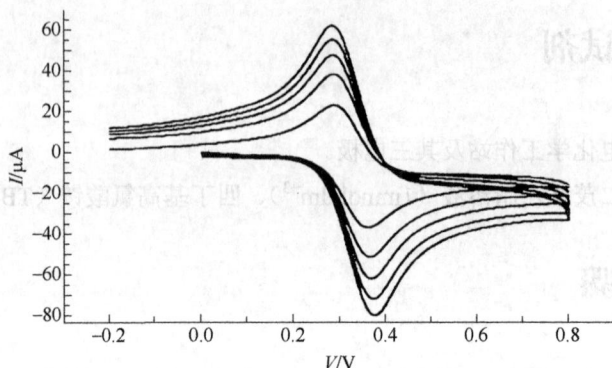

图 9-4 不同扫描速率下二茂铁的循环伏安曲线

由里向外，扫描速度分别为：100 mV/s；200 mV/s；300 mV/s；400 mV/s；500 mV/s

五、数据处理

1. 二茂铁电化学性质

循环伏安法是在一定扫描速率下，从起始电位正向扫描到转折电位期间，溶液中还原态（Red）被氧化生成氧化态（Ox），产生氧化电流；当负向扫描从转折电位变到原起始电位期间，在指示电极表面生成的氧化态被还原生成还原态，产生还原电流。

从循环伏安曲线中，可得出阳极峰电流（I_{pa}）、阴极峰电流（I_{pc}）、阳极峰电位（E_{pa}）和阴极峰电位（E_{pc}），当阴、阳峰值电位的差值小于 60 mV 时，可以判断此电极过程近似看作是可逆过程。

2. HOMO、LUMO 能级

图 9-5 为一样品在四氢呋喃溶液中，以 Ag/AgCl 作参比电极，旋涂有有机薄膜的 ITO 为工作电极，$n\text{-Bu}_4\text{NPF}_6$ 为电解质（浓度为 $0.1 \text{ mol} \cdot \text{dm}^{-3}$），扫描速率为 $50 \text{ mV} \cdot \text{s}^{-1}$ 得到的循环伏安（CV）曲线，其中的阳极峰电位（E_{pa}）和阴极峰电位（E_{pc}），也分别称作氧化电位（E_{ox}）和还原电位（E_{red}）如图中标出。根据公式（9-1），可计算出二茂铁的 HOMO 和 LUMO 能级。

$$\text{HOMO(eV)} = -[4.65\text{V} - E_{Ox}(\text{onset})]$$

$$\text{LOMO(eV)} = -[4.65\text{V} - E_{red}(\text{onset})] \tag{9-1}$$

$$E_g(\text{eV}) = \text{LUMO} - \text{HOMO}$$

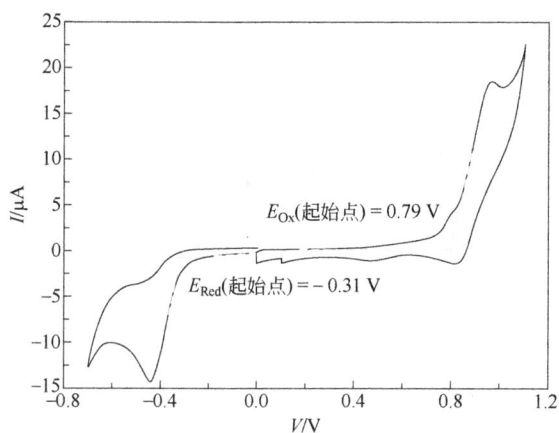

图 9-5　样品分子循环伏安曲线（THF）

表 9-1　二茂铁电化学性质和 HOMO、LUMO 能级

阳极峰电流（I_{pa}）		可逆与否	
阳极峰电位（E_{pa}）		HOMO	
阴极峰电流（I_{pc}）		LUMO	
阴极峰电位（E_{pc}）		能级差（ΔE_g）	

六、思考与讨论

1．为什么导电玻璃在测试之前要进行清洁处理？

2．测试物质的循环伏安曲线，有何物理意义？

3．通过测试循环伏安曲线，可以估算出该物质的最高占据分子轨道（HOMO）和最低未占据分子轨道（LUMO），这对于研究有机电致发光器件中有何意义？

4．指出二茂铁的氧化电位和还原电位数值，并与分子结构相关联。

实验十　含紫精活性层电致变色器件的制作

一、实验目的

1. 掌握有机电致变色的基本原理；
2. 学习固态电致变色器件（OECD）制备方法。

二、实验原理

有机电致变色机理是指在电场驱动下有机薄膜材料发生电子得-失实现双稳态结构的可逆转变，进而发生颜色的可逆转变。电致变色是通过吸收光谱来记录有机薄膜材料在特定波长范围内颜色的变化、通过电化学工作站提供所需的外电场。

1. 电致变色器件结构

电致变色器件结构通常为：ITO（阳极）/电致变色活性层（EC）/离子导体层（IC）/离子存储层（IS）/ITO（阴极），见图10-1，其中每层厚度均在亚微米量级，每层的功能分别为：

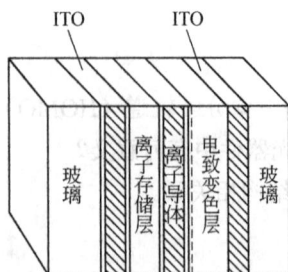

图 10-1　电致变色器件结构

① 电致变色层（EC）：EC 是电致变色器件的核心层，在洁净的 ITO 玻璃片上，将电致变色化合物通过旋涂（或甩膜或蒸镀）法得到的薄膜。

② 离子导体（IC）层：在 EC 和离子存储层之间起着传输离子和阻隔电子的作用。IC 层保证了电致变色材料变色时所必需的离子或电子通道，以防在电极之间形成短路。在室温时具有较高的离子电导率和良好的电子绝缘性能，并在传输离子过程中具有良好的光学透过率和电化学稳定性质。

③ 离子存储（IS）层：也称为对电极层，起着存储离子和平衡电荷的作用。本实验采用聚环氧乙烷（PEO）胶体聚电解质。

本实验使用聚乙烯吡咯烷酮（PVP）为离子存储层、聚环氧乙烷（PEO）胶体聚电解质作离子导电层和二甲基溴化联吡啶（紫精）化合物作电致变色层（EC）。

2. 紫精化合物

1,1′-二甲基-4,4′-溴化联吡啶（简称二甲基紫精）是由对联吡啶与溴甲烷在乙腈中回流得到（图 10-2）。具体地，将 1.5 g 二水合 4,4'-联吡啶溶于 10 mL 乙腈中，再将 2.0 mL 溴甲烷溶于 5 mL 乙腈后滴入。搅拌反应 48 h，蒸去部分乙腈，加入 2 倍体积的乙醚作沉淀剂，过滤得 2.6 g 无色固体，收率 84%。

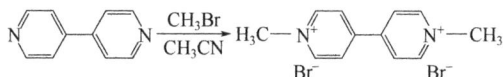

图 10-2　1,1'-二甲基-4,4'-溴化联吡啶制备路线

二甲基紫精为二价阳离子（V^{2+}）是热力学稳定结构，在可见光区域基本无吸收，外观为白色粉末。二价阳离子（V^{2+}）含有的两个 N 原子可提供电子或接受电子，在外电场的作用下能发生两次可逆的氧化-还原反应，呈现出不同的颜色。第一还原态生成的一价阳离子自由基（V^+）吸收峰位红移至可见光区产生颜色，为呈色体；两次还原后的零价紫精（V^0）呈醌式结构颜色变浅黄色。

三、仪器与试剂

仪器：恒温真空干燥箱、测厚仪、导电玻璃（ITO）。

试剂：聚环氧乙烷（PEO）、1,1'-二甲基-4,4'-溴化联吡啶（二甲基紫精）、乙醇、聚乙烯吡咯烷酮（PVP）、铁夹等。

四、实验步骤

1．将 ITO 玻璃先用洗涤剂洗涤，再用丙酮、乙醇冲洗后，烘干备用；

2．配制 10 mL 二甲基紫精化合物的乙醇溶液（浓度分别为 0.1 mol·dm^{-3} 和 0.05 mol·dm^{-3}）；

3．分别在上述两种浓度的电致变色溶液中，再加入 2 mL 聚乙烯吡咯烷酮（PEO），搅拌均匀，得到两种电致变色/PEO 溶液；

4．用针筒吸取 2 mL 含聚乙烯吡咯烷酮的二甲基紫精乙醇溶液（浓度为 0.1 mol·dm^{-3}），经超滤头过滤后，在 ITO 玻璃（2 cm×2 cm）上均匀涂抹，获得的薄膜为电致变色层（厚度控制在大约 50 μm 为宜）；

5．在另一片 ITO 玻璃（2 cm×2 cm）上均匀涂抹聚环氧乙烷（PEO）胶；PEO 胶体聚电解质（即离子导体层）的厚度控制在 100 μm 为宜；

6．将涂有电致变色层和离子导体层的两片 ITO 玻璃，紧密黏结（注意有错位），用铁夹夹紧，放入烘箱中恒温真空干燥，使溶剂挥发，即得电致变色器件，其三明治结构为 ITO/PVP+二甲基紫精/PEO/ITO，记为器件（1）；

7．类似地，再用稀溶液（0.05 mol·dm^{-3}）的电致变色溶液/PEO 制作器件（2）。

五、数据处理

器件	结构	电致变色层厚度/μm	离子导体厚度/μm
1			
2			

六、思考与讨论

1. 紫精电致变色的原理是什么？写出该类衍生物的分子结构式。

2. 还有哪些化合物可以作为电致变色材料？举例写出相应的变色机理。

3. 在电致变色器件中，离子导体层起着什么作用？列举出哪些材料可作为离子导体层？

4. 电致变色层和离子导体层的厚度对电致变色有什么影响？

实验十一　紫精电致变色器件性能测试

一、实验目的

1. 巩固吸收光谱和电化学测试方法；
2. 掌握有机电致变色器件（OECD）测试方法；
3. 掌握二甲基紫精的电致变色机理。

二、实验原理

电致变色机理是在电场驱动下有机材料发生电子得-失实现双稳态结构可逆地转变；通过电化学工作站提供所需的电场、再通过吸收光谱来记录有机薄膜材料在特定波长范围内颜色（或透过率）的变化，以紫精化合物为例，其反应机理如图 11-1 所示。

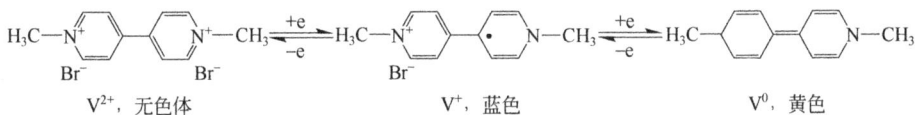

图 11-1　1,1'-二甲基-4,4'-溴化联吡啶电致变色对应的结构式变化

紫精颜色的变化完全依赖于取代基（R），当取代烷基较短时，离子呈现蓝色，随着链长的增加，分子之间的聚集作用增加，将影响着价态的颜色偏向于深红色。紫精响应时间为 $10\sim50$ ms，循环次数在 10^5 以上，已在汽车观后镜和各种显示器中获得应用。

三、仪器与试剂

仪器：电化学工作站、紫外-可见吸收光谱仪。

试剂：自制的含紫精的有机电致变色器件（OECD）、二甲基紫精（二甲基-4,4'-溴化联吡啶）、蒸馏水、容量瓶等。

四、实验步骤

1. 将二甲基紫精配制成浓度为 $10\mu mol\cdot dm^{-3}$ 的水溶液；

2．开启紫外-可见吸收光谱仪，测试紫精分子的紫外吸收光谱；

3．开启电化学工作站，以饱和甘汞电极为参比电极、铂电极为对电极、导电 ITO 玻璃为工作电极，测试二甲基紫精水溶液的循环伏安曲线，如图 11-2 所示。

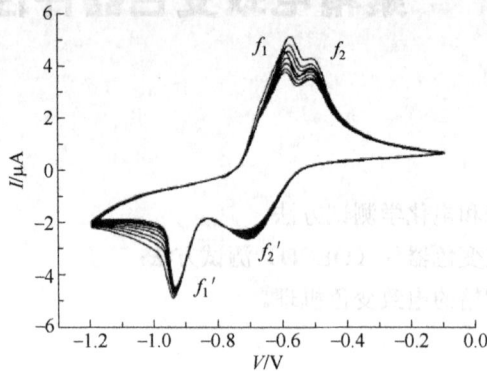

图 11-2　二甲基紫精水溶液的循环伏安曲线

二甲基紫精化合物有两组明显的氧化还原峰，且经过多次循环伏安的扫描后出峰位置和峰形几乎不发生变化，表明该化合物有很好的可逆性。在循环伏安过程中注意观察到有米黄色物质沉积在 ITO 玻璃表面，电极的颜色随着电压的改变也交替地从无色变到蓝色或紫红色。

4．通过循环曲线可大致判断二甲基紫精分子的电致变色情况。然后将自制的固态电致变色器件（OECD）与电化学工作站连接，参考循环伏安曲线（图 11-2），选择施加电压范围在−1.5～0.5 V；

使用三电极电化学工作站提供电场，将红色夹子连接对电极（离子导体层）；绿色夹子连接工作电极（电致变色层）；白色夹子连接参比电极（也可同时连接离子导体层）。

5．待电源线和电极连接好后，将连接有三电极的电致变色器件小心放置于吸收光谱仪器中的比色皿槽内。

6．打开电化学工作站电源，双击桌面 CHI 快捷方式图标，显示出 CHI 工作站控制界面，然后将 CHI660B 仪器预调节：打开 CHI660B 的电脑操作界面，选择循环伏安法，然后设置所需的实验参数（Parameters）。

7．将器件放入紫-外可见吸收光谱仪中，通过扫描紫外-可见吸收光谱，记录电致变色器件的颜色变化。测试器件在不同的施加电压下的紫外-可见吸收谱图的变化；由图 11-3 可见，颜色变化由蓝色到紫红色之间可逆变化；用 Origin 软件作图。

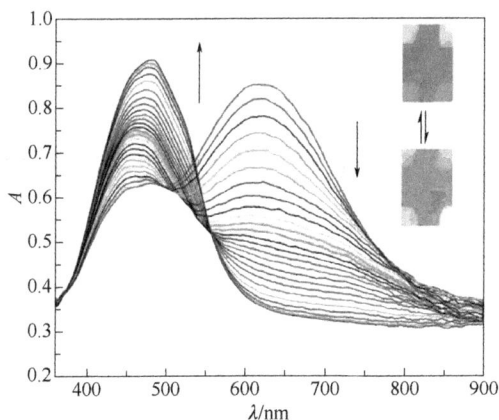

图 11-3　电致变色器件的电致变色吸收光谱

五、数据处理

器件	施加电压变化		颜色变化	
1				
2				

六、思考与讨论

1．简述紫精类电致变色器件的变色原理。

2．在有机电致变色器件性能测试时，根据电致变色材料的什么性质来设置电场的电压？

3．在测试电致变色器件之前测试其循环伏安曲线的作用是什么？

4．在测试电致变色器件时，是否一定要使用紫外-可见吸收光谱仪？其用途是什么？

5．电致变色器件可以用于"智能窗""智能卡"以及变色服装等方面，其变色的"开""关"电压如何确定？

实验十二 电化学聚合制备聚苯胺薄膜

一、实验目的

1. 掌握电化学聚合的实验技术和电化学测试方法；
2. 学习使用电化学制备聚苯胺薄膜的方法；
3. 巩固电化学工作站操作方法。

二、实验原理

聚苯胺具有良好的导电性能和电致变色特性，制备简单、条件容易控制、稳定性高，在导电材料、塑料电池和发光二极管等有机光电材料和器件方面具有重要应用前景。聚苯胺的制备主要有化学氧化聚合和电化学聚合两种方法。化学氧化聚合是将苯胺在酸性溶液中以过硫酸盐为氧化剂而发生氧化偶联聚合。电化学聚合则是苯胺在电流作用下通过阳极偶合获得聚苯胺薄膜，具体过程如图 12-1 所示。苯胺在直流电场作用下氨基氧化生成自由基，发生头-尾偶合生成对苯氨基苯胺。对苯氨基苯胺的伯氨基氧化生成新的自由基，再次发生头-尾偶合，反复进行上述反应，聚苯胺链不断增长。只有当头-头偶合反应发生，形成偶氮结构，聚合反应才可终止。

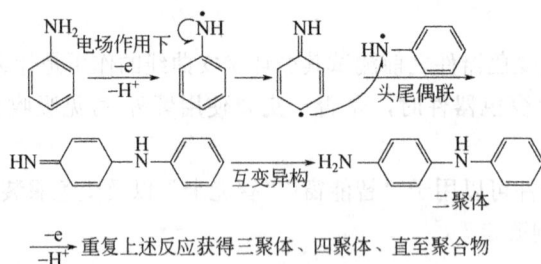

图 12-1 聚苯胺电化学聚合机理

聚苯胺经质子酸掺杂后得到导电材料，当 $2 < pH < 4$ 时，电导率随着 pH 值的降低而迅速增加，表现为电导体特性。当 $pH < 2$ 时，电导率与 pH 值无关，呈现金属特性。当 $pH > 4$ 时，电导率与 pH 值无关，呈现绝缘体性质。在酸性电解质溶液中得到的花色产物，具有很高的导电性、电化学特性和电致变色性。在碱性电解质溶液中得到黑色产物。聚苯胺在大多数溶剂中是不溶的，仅部分溶解于 N,N-二甲基甲酰胺（DMF）和甲基吡咯烷酮中，可溶于浓硫酸。

本实验使用电化学聚合方法制备聚苯胺薄膜。

三、仪器与试剂

仪器：电化学工作站、导电玻璃、饱和甘汞电极、Pt 电极、测厚仪、ITO 玻璃、容量瓶等。

试剂：苯胺、硫酸、乙醇、蒸馏水等。

四、实验步骤

1．苯胺、硫酸水溶液的配制

取 250 mL 容量瓶，往其中加入 200 mL 蒸馏水，分别取 0.025 mol 的苯胺和 0.25 mol 的硫酸于容量瓶中，加蒸馏水定容到 250 mL。

现象：加入苯胺和浓硫酸后，有油状液体在瓶底部，加水逐渐溶解，最后溶液澄清，微黄。

2．电极的预处理

导电玻璃分别在乙醇、蒸馏水中超声清洗。

3．电解槽的装配

将上述所配溶液置于电解槽，以处理过的导电玻璃为工作电极，饱和甘汞电极为参比电极，Pt 电极为辅助电极组成三电极体系（绿色接工作电极，白色接参比电极，红色接辅助电极）。

4．电化学工作站预处理

采用循环伏安法扫描苯胺硫酸稀溶液的变化范围，以阴极电流为正，电位区间-0.1 ~ 1.5 V，扫描速率为 50 mV/s。为下步恒电位法寻找最佳电位值。

5．聚苯胺膜的制备

采用恒电位法，以阴极电流为正，电位调节在循环伏安法起峰的位置，运行 400 s。

现象：随着电镀的进行导电玻璃上逐渐形成一层绿色的膜。观察在 ITO 膜电极上聚苯胺的成膜情况，通过循环次数控制膜厚。

6．不同 pH 下聚苯胺膜的伏安特性曲线

配制 $0.5\ mol \cdot dm^{-3}$、$0.05\ mol \cdot dm^{-3}$、$0.005\ mol \cdot dm^{-3}$ 的苯胺硫酸溶液，测试不同硫酸浓度下聚苯胺膜的伏安特性曲线。

现象：电解时，玻璃膜的颜色由绿色变为蓝色，最后变为微紫色，接着又变回绿色，并且电解时铂丝上有细小气泡生成。

五、数据处理

扫描速率	扫描电位	循环次数	薄膜厚度	颜色

注意事项：导电玻璃的清洗和电极的固定对实验是否顺利进行具有重要影响。导电玻璃清洗不干净，容易造成聚苯胺薄膜与玻璃电极之间结合不牢固，膜容易脱落。三个电极之间的距离不固定，可能导致电极相碰、短路，导致实验失败。可以使用固定装置将三个电极固定好，减少实验的误差，解决曲线波动的问题。

六、思考与讨论

1．电化学聚合前苯胺必须要减压蒸馏？这一步骤作用是什么？

2．导电玻璃的清洗和电极的固定对实验有着什么影响？

3．聚苯胺有不同的存在形式和颜色。电化学聚合过程中当电压在 0.3～0.4 V 时呈翡翠绿，0.7 V 时呈翡翠基蓝，0.8 V 时呈紫色。观察并记录苯胺在电化学聚合过程中颜色的变化，并写出相应的化学反应式。

实验十三　聚苯胺电致变色膜表征

一、实验目的

1. 复习聚苯胺氧化与还原反应机理；
2. 掌握聚苯胺电致变色机理；
3. 巩固电致变色性能测试方法。

二、实验原理

电致变色现象是指在外加偏电压感应下，材料的光吸收或光散射特性的可逆变化，这种颜色的可逆变化在外加电场移去后仍能完整地保留。聚苯胺的电致变色效应与氧化还原反应和质子化过程（pH 值）有关。在中性或碱性条件下制得的聚苯胺薄膜是黑色的，不显示电致变色现象。只有在酸性条件下制得的聚苯胺薄膜才能显示可逆多重颜色的电致变色现象。当电位在$-0.2 \sim +1.0$ V $vs.$ SCE 之间扫描时聚苯胺的颜色随电位变化而变化，完全还原形式的无色盐可在低于-0.2 V 时得到，翡翠绿在 $0.3 \sim 0.4$ V 时得到，翡翠蓝在 0.7 V 时得到，而紫色的完全氧化形式在 0.8 V 时得到，呈现完全可逆的电化学活性和电致变色效应。

在电解过程中，有 4 种不同形式的聚苯胺存在，它们分别具有不同的颜色（表 13-1）。聚苯胺的存在形式是由苯环和二亚胺单元的比例决定的，它能通过还原或质子化程度来控制。

表 13-1　聚苯胺存在形式及其颜色性质一览表

名称	结构	颜色	性质
无色翡翠盐		无色	完全还原；绝缘
翡翠绿		绿色	部分氧化，质子导体
翡翠基蓝		蓝色	部分氧化，绝缘
完全氧化聚苯胺		紫色	全氧化、绝缘

本实验用电化学聚合法合成聚苯胺，并且对其电化学和光学性能进行表征。

三、仪器与试剂

仪器：电化学工作站、紫外-可见分光光度计、容量瓶；
试剂：自制的聚苯胺薄膜、蒸馏水和硫酸等。

四、实验步骤

1. CHI660B 仪器的预调节

打开 CHI660B 的电脑操作界面，选择循环伏安法，扫描范围调节在$-0.4\sim1.0$ V，扫描速率调在 50 mV/s；点击开始键，进行扫描，扫描完成后将数据及图像存储。

2. pH 值的测定

制备一份浓度为 0.5 mol·dm^{-3} 的硫酸溶液和 pH 值不同的标准溶液三份（pH = 4.003，6.864，9.128）；以饱和甘汞电极为参比电极，测定聚苯胺膜电极在各种不同 pH 溶液中的循环伏安曲线图，绘制 pH-E 响应曲线。再测定浓度为 0.5 mol/L 的硫酸溶液的电位值，从标准溶液的 pH-E 曲线中找出该溶液的 pH 值。

3. 数据记录与解释

根据实验数据用 Origin 作图。聚苯胺在 0.5 mol/L 硫酸（pH = 0）溶液中有多个峰，其中每个峰都是一个氧化还原反应过程的电压值，上面的曲线代表还原反应，聚苯胺由微紫色还原成蓝色再到绿色；下面的曲线代表氧化反应，聚苯胺由绿色到蓝色再到微紫色。其中峰的高度代表的是电流的大小，峰越高，代表电流越大，氧化或者还原的速率越大。

聚苯胺在酸性条件下的循环伏安曲线有四个峰，其中两个是还原峰，两个是氧化峰。并且在氧化还原的过程中，有一个氧化峰对应着一个还原峰，其电势在氧化或者还原的过程中，都有着一定的对称性（从还原线开始到氧化线）。在电压变化 0.3 V 时，其氧化速率达到了一个最大值，再经过 0.5 V 的电压变化后，又达到了一个峰值；在还原的过程中，电压经过 0.3 V 的变化后达到了第一个峰值，再经过 0.6 V 的变化又达到了另一个峰值（在还原的过程中，还原应该从 0.3 V 开始，即还原线和氧化线的交点）。

在中性条件下，聚苯胺氧化膜的氧化还原反应的峰值很小，且只有一个氧化-还原峰。可能是 pH 增大，其氧化还原反应减弱。

在碱性条件下，聚苯胺的氧化反应有明显的峰值，还原反应没有明显的峰值。这可能是发生单向氧化反应，但是还原反应不明显。也可能是氧化还原的聚苯胺的量较少，得出来的曲线变化不太明显导致。

4．紫外吸收光谱测定

在 0.5 mol·dm^{-3} 的硫酸溶液中，采用循环伏安扫描，电位扫描区间为-0.4～1.0 V，每增加 0.2 V 电压，跟踪测试一次聚苯胺薄膜的紫外-可见吸收谱图。

5．数据记录与解释

根据实验数据用 Origin 作图，观察随电压变化，对聚苯胺薄膜吸收光谱的影响，并解释吸收光谱变化情况。

五、思考与讨论

1．指出聚苯胺循环伏安曲线中氧化电位和还原电位峰值。理论上来说，一个还原峰就对应着一个氧化峰，峰值的绝对值越大，表示电流越大，反应速率越大。

2．pH 值越小，其氧化还原峰越多且越明显，即越容易发生氧化还原反应。pH 值越大，其氧化还原峰越少，即越难发生氧化还原反应。表明了聚苯胺的氧化还原反应和溶液的 pH 值有关。在本实验中，选择 pH 值多少合适？

3．为什么聚苯胺薄膜的氧化还原反应对介质的 pH 值很敏感，试讨论其机理。

4．观察并记录聚苯胺薄膜在循环伏安过程中的颜色变化，是否与在电化学聚合过程中颜色变化相同？

5．具有实际应用价值的电致变色器件的关键因素是什么？

6．以聚苯胺薄膜为电致变色活性层的电致变色器件，其应用前景如何？

实验十四　二噻吩乙烯衍生物光致变色性质测定

一、实验目的

1. 复习紫外-可见吸收光谱测量方法；
2. 了解二噻吩乙烯光致变色机理；
3. 学习光致变色测试方法。

二、实验原理

光致变色是在光场驱动下，有机材料通过价键异构化、键断裂或氧化-还原等机制实现双稳态结构的转变。可用特性波长的光源（如紫外灯和 Xe 灯等）辐照，用紫外-可见光谱仪记录特定波长范围内颜色（或透过率）的变化。

二噻吩乙烯分子的双稳态结构是开环态和闭环态两种异构体，其中开环态异构体外观上为白色固体，称为无色体；在紫外光照下，开环异构体发生顺旋生成闭环体，闭环体异构体一般呈现很深的颜色，称为呈色体。二噻吩乙烯分子根据取代基及其取代位置的不同，闭环态的吸收波长也有所不同，可呈现不同的颜色，如黄色、红色、蓝色、绿色等。

图 14-1 为二噻吩乙烯衍生物在光致变色反应中开环态和闭环态的结构式。在开环态中，由于两个噻吩环不共平面，π 电子定域在各自的噻吩杂环内，使得开环态的二噻吩乙烯分子的最大吸收波长在 300 nm 处（见图 14-2）。当开环体在紫外光辐照下发生光异构化生成闭环态，两个噻吩环位于同一个平面上，π 共轭程度增加，使得最大吸收波长红移至可见光区域 600 nm 处，呈色体为鲜艳的蓝色。

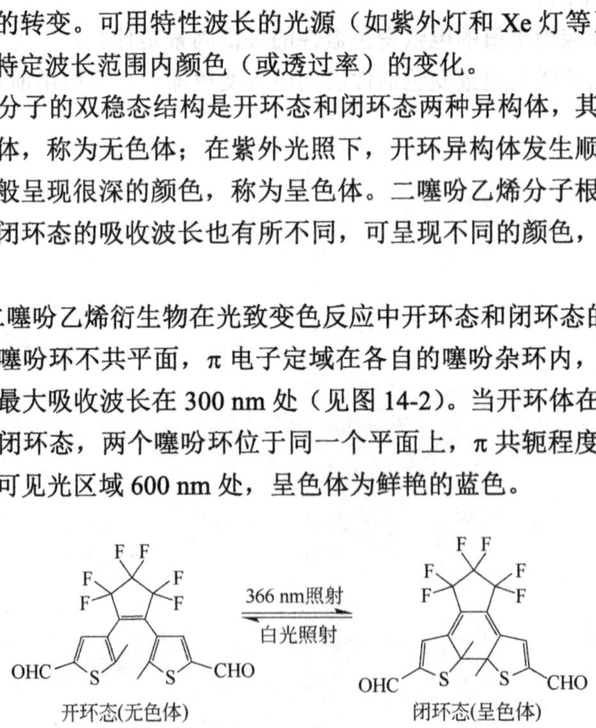

图 14-1　二噻吩乙烯衍生物的光致变色反应

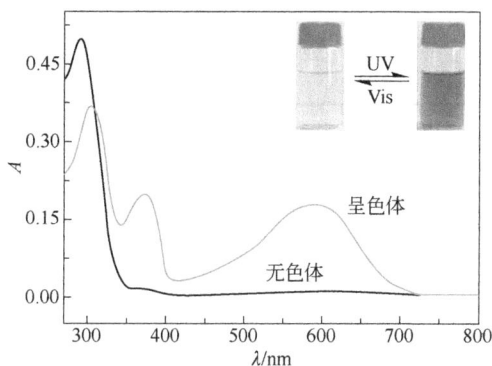

图 14-2　二噻吩乙烯衍生物开环态与闭环态的吸收光谱（正己烷，2.0×10^{-5} mol·dm^{-3}）

三、仪器与试剂

仪器：紫外-可见吸收光谱仪、SHG-200 紫外灯、BMH-250 可见灯、容量瓶、电子天平、移液管。

试剂：二噻吩乙烯衍生物、正己烷等。

四、实验步骤

1. 二噻吩乙烯衍生物溶液的配制：用电子天平准确称取 4.24 mg 的二噻吩乙烯衍生物，倒入 10 mL 容量瓶中，用正己烷溶解并稀释至刻度，配制成浓度为 1×10^{-3} mol·dm^{-3} 的二噻吩乙烯衍生物溶液。

2. 二噻吩乙烯衍生物溶液的光致变色测定：移取 3 mL 正己烷溶剂加入到比色皿中，再取 30 μL 二噻吩乙烯衍生物溶液加入其中，混合均匀，放入紫外-可见光谱仪上测定其吸收光谱，得到最大吸收峰为 290 nm 的吸收光谱，保存数据。

3. 将比色皿放置于 SHG-200 紫外灯下照射，每隔 10 s 测定一次吸收光谱，直到吸收光谱不再发生变化，溶液达到光稳态。可观察到无色溶液逐渐变蓝，测定其吸收光谱。在可见光区 400~700 nm 范围出现一个宽吸收带，其最大吸收出现在 582 nm，说明开环态的二噻吩乙烯衍生物在溶液中发生了光环化反应生成了闭环态，可见光区的吸收即是闭环态的吸收，保存数据。

4. 将达到光稳态时的蓝色溶液用 BMH-250 可见灯照射，每隔 10 s 测定一次吸收光谱，可发现颜色慢慢褪去，对应光谱上的可见区的吸收也慢慢消失，最终溶液变为无色，测定吸收光谱发现紫外光谱也恢复到起始状态，说明闭环态的二噻吩乙烯衍生物在可见光照射下能开环恢复成开环态。这些现象表明二噻吩乙烯衍生物的溶液具有良好的光致变色性质。

五、数据处理

溶液样品	SHG-200 紫外灯	BMH-250 可见灯	循环次数
颜色变化			
吸收峰峰位			
吸收峰强度			

六、思考与讨论

1. 在紫外光照射下，溶液中开环体二噻吩乙烯衍生物的转化率有多少？
2. 在测试光致变色时，如何选择不同的两种光源？
3. 在测试光致变色之前，测试吸收光谱的作用是什么？
4. 试比较光致变色和电致变色的异同点，举出各自可能的应用领域。
5. 具有实际应用价值的光致变色器件的关键因素是什么？
6. 二噻吩乙烯是典型的二芳烯烃化合物，其在光存储应用中前景如何？

实验十五　偏光显微镜测定液晶的光学织构

一、实验目的

1. 了解偏光显微镜原理及使用方法；
2. 了解液晶畴结构与液晶显示性能的关系；
3. 学会观察液晶小分子和液晶聚合物液晶态形貌结构。

二、实验原理

　　液晶材料不能在很大的宏观层面上呈现规整的取向排列，而只能在一定的微小区域内具有规整性，这种具有规整定向排列的微小区域称为畴。宏观液晶体系是由无数个畴组成的，畴内分子的取向是一致的；在畴与畴之间，分子的取向方式可以不同，不同畴之间的边界并不是很分明，而是呈不太明确并连续分布的。用偏光显微镜可观察到液晶相的微观结构甚至液晶相内分子取向。

　　薄层样品在偏光显微镜下观测到液晶相形貌称为光学织构，如图 15-1 所示。液晶的光学织构在显微镜下呈特有的图案，有的呈圆球状、花瓣状、线状、指纹状、纹影状、焦锥状以及扇状等。光学织构揭示了液晶中分子取向排列的缺陷，缺陷密度越大，光学织构中的图案越小，高分子液晶中的缺陷比低分子中的缺陷多得多，因此，织构

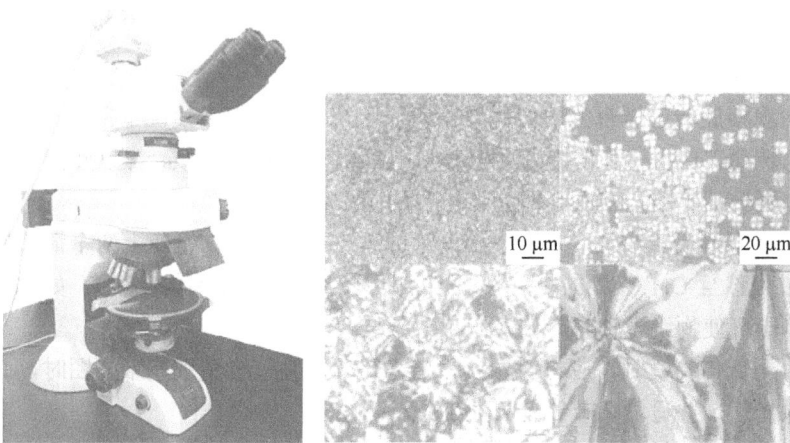

图 15-1　偏光显微镜及其在显微镜下观察到的液晶光学织构

中的图案往往是又细又密。

三、仪器与试剂

仪器：偏光显微镜、附件、擦镜纸、镊子、载玻片、盖玻片。

试剂：小分子液晶化合物（4-戊氧基-4′-氰基联苯）、高分子液晶［聚对苯二甲酰对苯二胺（PPTA）浓硫酸溶液］。

四、实验步骤

1．校正目镜分划板十字线

将目镜上的卡标插入镜筒上适当的卡口，使目镜分划板十字线处于东西（横丝）和南北（竖丝）方向。

2．偏光镜的校正

（1）确定起偏镜的振动方向：先将起偏镜（上偏光镜）从目镜中推出，只用检偏镜（下偏光镜）观察工作台。转动工作台，当黑云母解理缝与下偏光镜的振动方向平行时对黑云母吸收性最强，此时呈现深棕色；当解理缝与起偏镜的振动方向垂直时，黑云母吸收性微弱，此时晶体呈现淡黄色，据此就能确定起偏镜的振动方向。

（2）调整下偏光镜的振动方向：将黑云母解理缝与目镜分划板十字线横丝平行，转动下偏光镜至黑云母呈现深棕色位置，此时下偏光镜的振动方向与目镜分划板十字线横丝平行，其刻线则对准0°或180°。

（3）确定起偏镜与检偏镜的振动方向正交：将黑云母切片取出，推入上偏光镜，如果视域呈黑暗，则上、下偏光镜振动方向正交；否则转动上偏光镜直至视域最黑暗。

3．物镜中心调节方法

（1）观察旋转工作台上的切片，在切片中找一小黑点，使位于目镜十字线中心。

（2）转动工作台，若物镜光轴中心 O 与工作台中心不一致，黑点即离开十字线中心绕一个圆转动，圆的中心 S 即为工作台的中心。

（3）将小黑点转至距十字线中心最远的 1 点处，旋转物镜座上两个调节螺丝使小黑点自 1 处移至 O-1 直线的中点（即 1 点距十字线中心距离的一半）。如此循环进行上述三步骤可使物镜光轴与旋转工作台中心重合。

（4）用低倍物镜时，应将锥光镜移出光路。用高倍物镜观察锥光图时，必须将锥光镜转入光路，并适量调节锁光圈大小。

（5）在高倍物镜下看锥光图时才需将勃氏镜加进光路，并可在照明光源上加毛玻片。在观察微小矿物时，应在光路中加入小孔光阑。

（6）当用人工照明光源时，可在下偏光镜下加蓝色滤色片，以使视场亮度色调均匀。薄片置于物台上时，薄片盖玻片必须向上，并用弹簧夹夹住薄片。

（7）当使用高倍物镜观察时，一般都先用低倍物镜来寻找目标，并使观察目标移向视场中心，然后更换上高倍物镜。调换时，应将镜筒升高使物镜离开切片，这样可避免因物镜碰到切片而使切片走动。同时应注意不要让物镜调节螺丝走动。

（8）在使用过程中必须注意：要先旋转微动手轮，使微动处于中间位置，再转动粗调手轮，将镜筒下降使物镜靠近切片（从侧面观察）。然后在观察切片的同时再慢慢上升镜筒至看清矿物象为止，这样可避免物镜与切片相互碰撞而压坏切片和损坏镜头。

（9）粗调手轮如发现太松或太紧时，用手握紧一只粗调手轮，转动另一只手轮做适当地调节。

4．观察化合物晶形、观察液晶化合物的光学织构

5．记录实验结果

液晶名称	液晶种类	光学织构特点（描述）
PPTA 浓硫酸溶液		
4-戊氧基-4'-氰基联苯		

五、思考与讨论

1．指出偏光显微镜的组成、工作原理和用途。
2．简述偏光显微镜的操作步骤和注意事项。
3．偏光镜如何校正？物镜中心调节方法有哪些？
4．为什么无定形化合物在偏光显微镜下是一片暗场？
5．指出液晶显示材料器件畴结构在偏光显微镜下的形貌。
6．通常高分子液晶和小分子液晶在偏光显微镜下的形貌是否相同？

（6）添加人工胆汁、蛋白。将羊血细胞滴入下面玻璃皿的溶液中，仔细观察红细胞的变化……（文字模糊不清）

（7）……（文字模糊不清）

（8）……（文字模糊不清）

实验十六　真空手套箱操作

一、实验目的

1. 了解真空手套箱构造、工作原理及用途；
2. 学习真空手套箱的使用方法。

二、实验原理

真空手套箱简称手套箱（其外形如图 16-1 所示）是由一密闭的箱体连接有一双（或多双）手套以及抽真空/通惰性气体系统构成的。用于操作需要隔绝空气进行的实验，主要功能在于对 O_2、H_2O 和有机气体的清除，能提供一个无水、无氧、无尘的超纯环境，适用于有机半导体器件（如 OLED、OFET 和 OPV 等）制作、封装和保存。此外，一些需要在隔绝空气条件下保存的样品可存放在真空手套箱中。

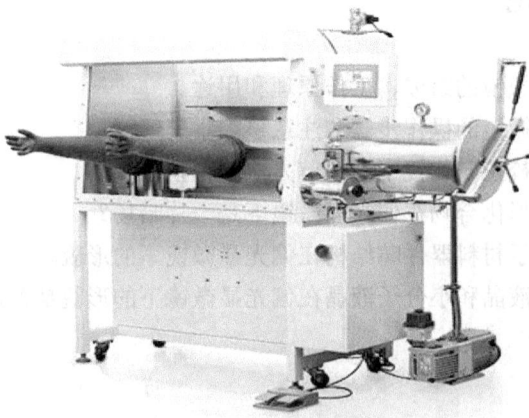

图 16-1　Etelux Lab 2000 型真空手套箱外观图形

1. 结构原理

手套箱主要由主箱体和过渡室两部分组成。主箱体上有两个（或两个以上）手套操作接口，分布在箱体的前边（或前后两边），使其能被一个（或几个）人同时操作，提高了箱体的使用效率。另外，在箱体的前面（或前后）都有观察窗，操作者能够清楚地观察到箱体内的操作过程。过渡室的阀门上有抽气与充气接口，在需要抽气或充气时可由此接入。主箱体上也安装有阀门和接嘴，操作者在需要维持气压平衡而对主箱体放气或充气时可以使用（手套口之间的三通阀必要时也可以用来放气）。主箱体的前观察窗上方安装了照明日光灯。

　　过渡室是作为主箱体与箱体外的过渡空间，是由两个密封门和两个阀门以及一个室体组成。内外两个门能够有效地隔绝主箱体与外界的联系，使得箱体内外的东西能够在主箱体与大气隔绝的情况下进出，从而避免了反复对主箱体抽真空与充气的麻烦。

2．手套箱的使用

　　（1）外部连接

　　① 氮气瓶的连接：手套箱的工作气体为高纯氮（99.999%），工作时钢瓶上减压阀的压力设定：0.5 MPa。

　　② 电源的连接：单独的插座，220 V，10 A。

　　③ 冷却水的连接：自来水或冷水机循环水（温度控制在 25℃以下）。

　　（2）抽真空与充气的方法

　　① 一般地主箱体不能单独抽真空，过渡室则可以单独抽真空；

　　② 先关闭过渡室里面的门，然后打开过渡室外舱门，将样品放入过渡室，随后关闭过渡室舱门；（如手上有手链或手表戒指等物最好摘下，或者戴两层手套隔绝，避免滑破或损坏手套）。

　　③ 开启真空泵，缓缓打开手套口之间的三通阀（逆时针旋转），此时手套箱过渡室与真空泵连接，真空泵对过渡室进行抽气（如打开阀门的速度太快，可能抽气过猛，损坏样品），待真空表指针下降并稳定在 −0.1 MPa 时，抽真空完成，此时应先关阀门再关真空泵；

　　④ 然后将三通阀顺时针旋转至充气位置，直至过渡室气压表指数为 0 MPa，内、外的压力基本平衡，关掉连接手套接口的三通阀。

　　⑤ 重复第三步和第四步操作三次，方可从箱内取出样品进行操作。

　　（3）各部分功能

　　① 循环风机：手套箱的底部，气体在箱内不断循环地驱动。

　　② 净化柱：在手套箱底部，内装 4.5 kg 分子筛（净化水的材料），4.5 kg 铜催化剂（净化氧的材料）。

　　③ 真空泵：维持箱内的压力在设定的范围内，操作大小箱时抽真空。

　　④ 大、小过渡仓：进入手套箱内的试验品和工具的通道；操作大过渡仓时，真空操作即抽过渡仓内的真空，补充气体从手套箱内补充到过渡仓；真空泵定时：按下开关，真空泵工作一段时间自动关闭。

　　⑤ 水、氧分析仪及探头。

　　⑥ 电源开关：整个机器的电源控制。

　　⑦ 触摸屏：真空泵、循环、照明、分析仪四个按钮为开关，粗线在框上面表示开启，在下面表示关闭。记录：记录循环时间，再生次数，只能读出来，不可以设置

修改。设定：上下压力的设定，操作手套箱时是默认值（-1、3）。

三、仪器与试剂

仪器：真空手套箱。

四、实验步骤

1. 打开照明灯光，观察并记录水含量和氮气含量读数。

2. 启动真空泵；确认开小仓还是开大仓，应尽量开小仓，节省气体，小仓进不了的才用大仓。

3. 操作小过渡仓

从外面把试验品放入手套箱时：确认小仓压力表在 0 的位置，如不是，需要将旋钮缓慢旋到清洗位置，直到小仓压力表到零，再打开小仓门，放入试验品，再关小仓门，将旋钮旋到抽气位置，待面板上的小仓压力表到-0.1 MPa（不少于 3 min，可同时观察真空泵不再冒白烟），再将旋钮旋到清洗位置，待小仓压力表到 0 MPa，如此再反复两次（每次不少于 3 min）确认小仓压力表的指示是 0 MPa。按触摸屏上的设定按钮，再按默认值按钮，上下压力显示 3 和-1，将手伸入手套打开手套箱内的小仓门，取出试验品放入手套箱，并关上小仓门。

从手套箱里面取出试品时：确保小过渡仓里面的气体是纯净的，如不是，要抽三次真空，补三次气，再旋开手套箱内的小仓门，把试验品放入小仓，关上手套箱内的小仓门，打开外面的小仓门，取出试验品，关上小仓门，对小仓抽真空至-0.1 MPa。试验完毕，将压力设定在下压为 1，上压为 5。

4. 操作大过渡仓：从外面把试验品放入手套箱时：确认大仓压力表在 0 的位置，如不是，在面板上打开补充气体，直到大仓压力表到 0，再打开大仓门，按触摸屏上的过渡仓按钮，再按真空操作按钮，待大仓压力表到-0.1 MPa，再按补充气体按钮，待大仓压力表到 0，如此三次；（时间和补气操作与小仓相同），其它送入与取出物品操作均与小仓相同。注：实验时手套箱内部最好也戴上手套，防止与试剂直接接触，污染手套箱。

5. 实验结束，记录水探头读数和氩气压力读数。关闭水探头分析仪，关真空泵，关照明灯。实验结束前要做好手套箱内的物品整理和清洁，箱外要擦拭手套表面。

五、注意事项

1. 在打开内门或者外门时，都必须保证门两边的气压基本平衡，否则，要么打不开，要么发生"气爆"现象。同样，在对箱体内抽气与充气时，也必须保证三通阀处于打开状态（即保证手套内外的气压相等），否则，手套会膨胀爆裂。

2．如箱体出现漏气，应首先检查过渡室门是否关紧和手套口是否破损。如还有漏气请检查真空表座、阀门及两个门上的"O"形圈及真空橡皮。过渡室门与手套口门上的"O"形圈要定期更换（根据使用频率而定）。

3．对系统抽气时，请缓缓打开阀门，并随时注意手套的变化。如出现膨胀，应减慢抽气速度；如仍不能解决问题，应停止抽气；如手套发生爆裂，检查三通阀是否打开。

4．大、小过渡仓里面是负压的情况下（看压力表指针的位置），不能强行打开仓门，操作时动作幅度不能太大，避免箱内压力过大。

5．操作前要戴医用手套，如果在手套箱内开启或旋紧球磨罐罐盖，箱内要再戴手套。尖锐物品要远离手套，严禁戴手表、戒指等金属物品使用手套，长、尖指甲不能使用手套，以免损坏手套。

6．不能向手套箱转移纸盒、纸巾、手套等用品，公用物品须由管理人员对运送物品进行烘干处理。送入的物品如果是瓶装液体或粉末，瓶盖要盖紧（要求瓶子能耐压至少 −0.1 MPa），防止抽真空时损坏瓶子，物品散落在过渡室，过渡仓要抽气、补气（清洗）至少三次后方可送入手套箱内。未经允许，不能在手套箱内使用各种溶液，特别是有机溶液。

7．打开过渡仓的内盖前，必须确定过渡仓内的气氛是经过处理的，气氛未经过抽气、清洗的，不允许开内盖。机器在循环时，应保证冷却水供应，不可以长时间断水，缺水会影响水氧指标。手套箱应专人操作、专人管理，日常操作维护人员应经过培训并对操作手册熟悉。

六、思考与讨论

1．指出手套箱构成、工作原理和用途。

2．简述手套箱的操作步骤和注意事项。

3．为什么说，不管是在打开内门或者外门时，都必须保证门两边的气压基本平衡？

4．如箱体出现漏气应如何处理？

5．手套箱平时是如何维护的？

实验十七　真空镀膜技术制备 8-羟基喹啉铝薄膜

一、实验目的

1. 了解真空镀膜机的用途和工作原理；
2. 学习真空镀膜机的使用方法；
3. 学习真空热蒸镀制备 8-羟基喹啉铝（Alq_3）有机薄膜。

二、实验原理

真空镀膜是指在较高真空度（隔绝空气）的状态下，借助物理升华现象来沉积薄膜的一种技术。利用真空镀膜技术可制备晶态的金属薄膜、有机和无机半导体化合物薄膜等。真空镀膜主要有热蒸发镀膜、磁控溅射镀膜和离子镀膜三种技术。本实验介绍通过真空热蒸镀膜技术制备有机半导体薄膜（具体为 Alq_3 薄膜）。

1. 热蒸发镀膜

蒸发镀膜是加热靶材使表面组分以气态形式蒸发出来，并且沉降在基片表面，通过成膜过程形成薄膜。

图 17-1　热蒸发真空镀膜机设备外观

被蒸发物质（如金属和化合物等）置于坩埚内或挂在热丝上作为蒸发源（即靶材），将基片（通常为导电玻璃，ITO）置于坩埚上方。待系统抽至高真空后，加热坩埚使靶材升华，蒸发物质的原子或分子以凝华方式沉积在上方的基片表面。蒸发薄膜厚度可由数百埃至数微米，膜厚是由靶材的蒸发速率、蒸发时间（或装料量）、靶材和基片之间的距离来决定的。

热蒸发真空镀膜机设备外观见图 17-1。

2. 磁控溅射镀膜

溅射镀膜是指利用电子或高能激光轰击靶材，使表面组分以原子团或离子形式被溅射出来，并最终沉积在基片表面形成薄膜。具体地，是将一靶材固定在阴极上，ITO 基片置于正对靶面的阳极上，距靶几厘米。系统抽至高真空后充入氩气，在阴极和阳极间加几千伏电压，两极间即产生辉光放电。放电产生的正离子在电场作用下飞向阴极，与靶表面原子碰撞，受碰撞从靶面逸出的靶原子称为溅射原子，其能量在一至几十电子伏范围。溅射原子在基片表面沉积成膜。

3. 离子镀膜

离子镀是真空蒸发与阴极溅射技术的结合，蒸发物质的分子被电子碰撞电离后以离子沉积在固体表面形成薄膜。离子镀膜系统中，将基片台作为阴极，外壳作阳极，充入惰性气体（如氩）以产生辉光放电。从蒸发源蒸发的分子通过等离子区时发生电离。正离子被基片台负电压加速打到基片表面。未电离的中性原子（约占蒸发料的 95%）也沉积在基片或真空室壁表面。电场对电离化的蒸气分子的加速作用（离子能量约几百至几千电子伏）和氩离子对基片的溅射清洗作用，使膜层附着强度大大提高。

小型磁控溅射镀膜机和离子镀膜机见图 17-2 所示。

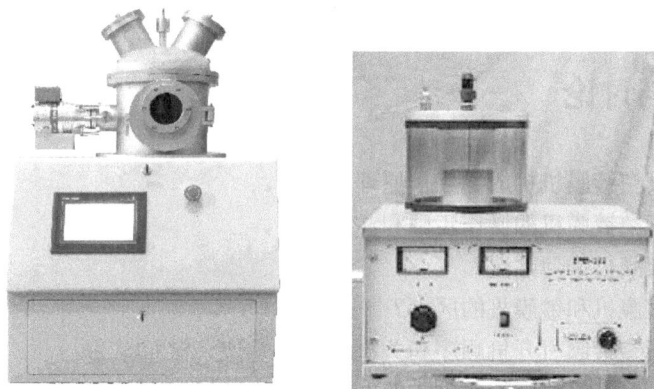

图 17-2　小型磁控溅射镀膜机（左）和小型离子镀膜机（右）

三、仪器与试剂

仪器：真空镀膜机、电控柜等。

试剂：ITO 基片、靶材（Alq_3）等。

四、实验步骤

1. 首先检查镀膜机各操作控制开关是否在"关"位置。
2. 开水泵、气源，再开启总电源。
3. 打开低压阀、开充气阀，听不到气流声后，开启真空计电源，真空计挡位置

V1 位置，等待其值小于 10 后，再进入下一步操作，约需 5 min。

　　4．开启机械泵电源先预备片刻，再开分子泵电源，将真空计开关换到 V2 位置，抽到小于 2 为止，约需 20 min。

　　5．观察。真空到达 $2×10^{-3}$ bar（200 Pa）以后才能开电子枪电源。

　　6．打开热源，加热有机物使其升华，监控膜厚至理想数值，停止加热。

　　7．待恢复室温后，向腔体冲入氮气，取出薄膜片材。

　　8．薄膜理化性质测试。

五、注意事项

　　真空镀膜机为精密设备，需要精心维护、规范操作；在使用之前，需要了解设备基本构造，准确知道各个部分作用。

　　特别需要注意关机顺序：先关闭高真空表头，再关闭设备的分子泵，待分子泵标识显示 50 时，依次关闭设备的高阀、前级、机械泵，这期间约需 40 min。当机械泵上面的指示灯到了 50 以下时，则可以关闭维持泵。

六、思考与讨论

　　1．指出真空镀膜机构成、工作原理和用途。

　　2．简述真空镀膜机的操作步骤和注意事项。

　　3．真空镀膜机如何除湿？

　　4．真空镀膜机和镀膜机的区别？

　　5．简述真空镀膜机开机顺序和关机顺序。

　　6．真空镀膜机平时是如何维护的？

　　7．小分子、高分子、金属配合物及金属，上述何种材料适合用真空镀膜机蒸镀成膜？给出理由。

实验十八　有机电致发光器件的制作

一、实验目的

1. 学习并掌握 OLED 器件的结构；
2. 掌握 8-羟基喹啉铝（Alq_3）电致发光性能；
3. 巩固真空镀膜设备的使用方法。

二、实验原理

电致发光（EL）是将电能直接转换为光能的一类固体发光现象，基于电致发光活性层薄膜做成的器件称为电致发光器件，其最简单的结构为"三明治式"器件。在阴极上旋涂、浸涂或真空热蒸镀发光材料（发光层），然后镀上阴极材料，连接电源即构成器件。常用的阳极材料是 ITO（铟锡氧化物）透明导电玻璃，常用的阴极材料是 Al。在正向电压驱动下，阳极向发光层注入空穴，阴极向发光层注入电子。注入的空穴和电子在发光层中相遇结合成激子，激子复合并将能量传递给发光材料，后者经过辐射弛豫过程而发光。

为了提高器件的效率，通常在有机电致发光器件中引入电子传输层（ETL）和空穴传输层（HTL），形成三层结构器件（见图 18-1），有助于电子和空穴注入的平衡，提高器件的性能。

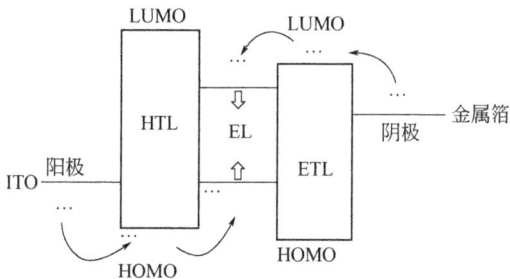

图 18-1　有机电致发光机理

HTL—空穴传输层；EL—电致发光层；ETL—电子传输层；

HOMO—最高占有分子轨道；LUMO—最低未占有分子轨道

本实验以合成 8-羟基喹啉铝（Alq$_3$）为发光层制备简单的"三明治式"OLED 器件。

三、仪器与试剂

仪器：高真空有机/金属热蒸发-沉积镀膜设备。

试剂：5%乙醇、去离子水、丙酮、稀盐酸、锌粉、高纯 8-羟基喹啉铝（Alq$_3$）、金属铝片、ITO 导电膜。

四、实验步骤

1．阳极清洗

将 ITO 导电膜基片，用透明胶带对基片进行掩膜，以锌粉覆盖整个基片，用稀盐酸进行腐蚀，最后揭去胶带进行清洗。再将刻蚀后的 ITO 基片分别经洗涤剂、乙醇、丙酮、去离子水超声清洗 15 min，各步骤之间用大量去离子水冲洗，最后用高纯氮气吹干并将基片进行氧等离子处理，以进一步清除表面污渍，提高 ITO 表面的氧含量，达到增加功函数的目的。

2．蒸镀发光层与阴极层

将洁净的 ITO 基片移入真空镀膜设备内，基片置于真空室的上部，距离蒸发源 20 cm，基片的下部有一大挡板用来控制蒸镀的开始与结束。

然后依次蒸镀有机材料（Alq$_3$）和金属电极（Al），分别控制蒸镀 Alq$_3$ 和 Al 的真空度 $4×10^{-4}$ Pa 和 $3.8×10^{-3}$ Pa，得到如图 18-2 所示的结构。通过控制蒸镀发光层的时间，获得不同厚度的发光层，得到三种器件分别为：

器件 1．ITO/Alq$_3$(20 nm)/Al(50 nm)；

器件 2．ITO/Alq$_3$(30 nm)/Al(50 nm)；

器件 3．ITO/Alq$_3$(50 nm)/Al(50 nm)。

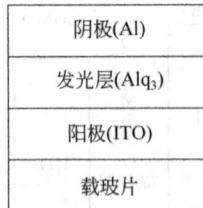

| 阴极(Al) |
| 发光层(Alq$_3$) |
| 阳极(ITO) |
| 载玻片 |

图 18-2　结构为 ITO/Alq$_3$/Al 的器件结构图

3．器件封装

当器件制备完毕后，为了尽可能防止氧气及水蒸气等对器件发光性能的影响，在测试之前，一般应对器件进行封装。

　　在刻蚀好的公共阳极和阴极处用导电胶粘上金属丝作为电极引线，并在氮气保护之下加热使导电胶固化。最后在氮气保护之下用混合有乙二胺的环氧树脂将封装盒盖黏合在器件上镀有功能层的一面进行密封，并在氮气氛中存放数小时使环氧树脂固化，达到封装效果。

五、思考与讨论

1．为什么 OLED 的阳极大多选用导电玻璃（ITO）？

2．简述单层 OLED 器件制作的工艺流程。

3．清洗导电玻璃的目的是什么？如何清洗？

4．在 ITO 上方蒸镀发光层与金属电极需注意哪些？

5．Alq_3 作为发光层，还可作为电子传输层还是空穴传输层？为什么？

6．在结构为 ITO/Alq_3/Al 的器件中，如何控制蒸镀的 Alq_3 层和阴极 Al 层的厚度？

实验十九　有机电致发光器件的测试

一、实验目的

1. 复习 OLED 器件的工作原理；
2. 了解 OLED 器件常见的性能参数；
3. 掌握 OLED 器件重要的性能参数的测试方法。

二、实验原理

OLED 器件的性能主要从发光性能和电学性能两方面来评价。前者包括电致发光光谱、发光亮度、发光效率、发光色度和寿命，后者包括电流-电压的关系、发光亮度-电压的关系等。

1. 电致发光光谱

OLED 的电致发光（EL）光谱是指在一定电压或电流密度下，器件的发光强度与波长的变化关系曲线。

2. 发光亮度

OLED 的发光亮度（L）可用亮度计来测量，单位为卡德拉每平方米（$cd \cdot m^{-2}$）。目前报道的最亮的 LD 超过 140000 $cd \cdot m^{-2}$。

3. 发光效率

OLED 的发光效率（η）是指单位功耗（W）所发出的光通量（lm），单位为流明·瓦$^{-1}$（$lm \cdot W^{-1}$）。公式如下：

$$发光效率 = \frac{\pi L}{JV}$$

其中，π 为常数；L 为发光亮度，$cd \cdot m^{-3}$；J 为电流密度，$A \cdot m^{-2}$；V 为施加电压，V。

4. 色度

色度是指色彩的纯度，通常为色调与饱和度两者的合称。可用色坐标（x，y，z）来表示，x 表示红色值，数值由 0 到 1.0，表示由紫色渐变为红色；y 表示绿色值，数值由 0 到 1.0，表示由蓝色渐变为绿色；z 表示蓝色值，这就是 CIE（国际照明学会）

二维色坐标表示色度（如图 19-1 所示）。其中绿色包含的区域最广，红色次之，蓝色再次之，而黄色、粉红色和青色的色带更窄。

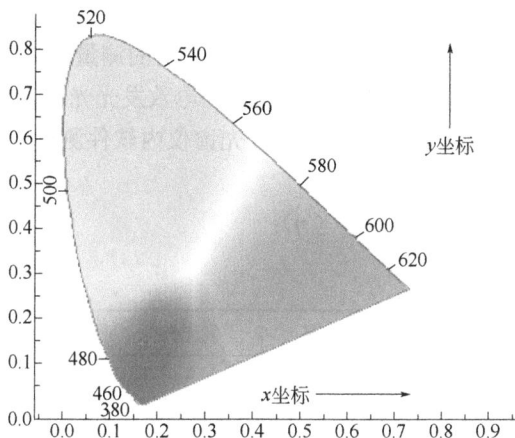

图 19-1　CIE 舌形色坐标系统

围绕着舌形图对应的波长由 380 nm 至 620 nm。将舌形图中的某两种单色光混合其连线若能穿过白光色带，则能组合得到白光。红绿相加混合成黄色，绿蓝混合得蓝绿色（青色），由蓝色和红色混合得到紫色。当器件色坐标值在 $x > 0.3$，$y < 0.4$ 区域内，多半为红光，如 $x = 0.616$，$y = 0.481$ 为红光器件。色坐标值 y 只要大于 0.3（$y > 0.3$）的均为绿光，如器件的色坐标 $x = 0.264$，$y = 0.619$ 为绿光；蓝光的色坐标数值都较小，如蓝色器件的发光色坐标 $x = 0.17$，$y = 0.15$；白光器件的色坐标 $x = 0.333$，$y = 0.333$。

5．器件寿命

寿命是指为亮度降低到初始亮度的 50%所需的时间。对商品化的 OLED 器件要求连续使用寿命达到 10000 h 以上，存储寿命要求 5 年。由于空气中水和氧气严重影响器件寿命，通常器件需要封装可隔绝水和氧分子。

6．电流密度-电压关系

即电流（密度）随电压的变化曲线，称为 I-V 曲线。

7．亮度-电压关系

即亮度随电压的变化曲线，称为 L-V 曲线。从 L-V 曲线中还可得到启亮电压大小（即亮度为 $1\ \mathrm{cd\cdot m^{-2}}$ 时对应的电压）。

三、仪器与试剂

仪器：荧光光谱仪、PR650 光谱仪及其配套软件、Keithley 2400 电源表等。
材料：自制 OLED 器件。

四、实验步骤

1. 先用荧光光谱仪对 OLED 器件进行荧光光谱的测量，具体操作参见实验三；

2. 使用 PR650 光谱仪器测量 OLED 器件的电致发光光谱；

3. 利用 Keithley 2400 电源表及 PR650 光谱仪内软件测试 OLED 器件的 I-L-V 曲线和色坐标；

4. 计算 OLED 器件的发光效率（η）；

5. 数据处理

器件结构	发射光谱	发光亮度	发光效率	发光色度
ITO/Alq$_3$(20 nm)/Al(50 nm)				
ITO/Alq$_3$(30 nm)/Al(50 nm)				
ITO/Alq$_3$(50 nm)/Al(50 nm)				

6. 从发光颜色、电流密度、最大电流效率和功率效率等方面对 Alq$_3$ 作为发光层的 OLED 器件进行性能评价。

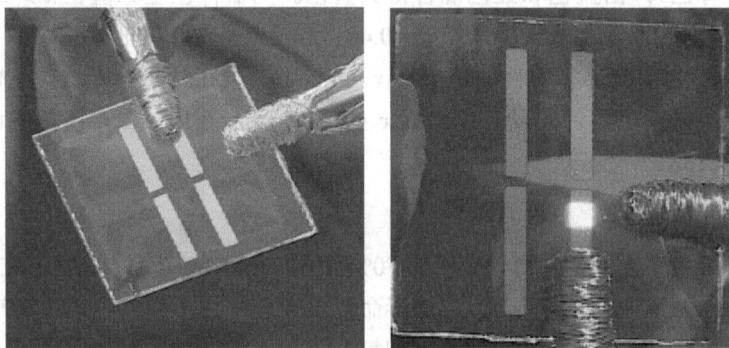

图 19-2　OLED 器件电致发光实物图

五、思考与讨论

1. 电致发光和光致发光有什么异同点？

2. OLED 器件的性能有哪些评价指标？指出其中重要的三个指标。

3. 器件的启亮电压和发光层厚度有何关系？

4. 为什么 OLED 的性能参数需要在绝氧、干燥和超净的环境下测试？

5. 如何测试 OLED 的使用寿命？需要在何种条件下测试？

实验二十　有机场效应晶体管的制作与测试

一、实验目的

1. 学习有机场效应晶体管的基本结构和工作原理；
2. 复习和巩固真空镀膜机操作方法；
3. 学习底栅结构 OFET 器件制作方法。

二、实验原理

1. 有机场效应晶体管（OFET）

OFET 是以有机半导体薄膜为活性层，通过栅极电压来控制源、漏电极之间电流（I_{ds}）的一种电学开关器件。具体地，通过调节栅极上电压，改变有机半导体靠近绝缘层界面的电荷载流子数目，在半导体与绝缘层（电介质）的界面上形成一层电荷累积层，即导电沟道，最后达到控制源、漏电极之间的电流。

根据栅极的位置，OFET 可分为底栅结构（底接触）和顶栅结构（顶接触）两种（见图 20-1）。

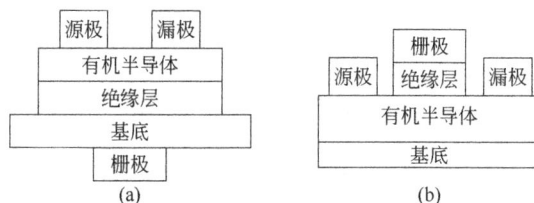

图 20-1　底栅（a）和顶栅（b）器件示意图

底栅结构的 OFET，其基底与栅电极直接接触，有机半导体薄膜位于绝缘层和源、漏金属电极之间，见图 20-1（a）。顶栅结构的 OFET，其基底与栅电极不接触，有机半导体层直接位于基底上，然后再分别进行源、漏电极的淀积，见图 20-1（b）。小分子薄膜器件一般采用底栅结构，聚合物薄膜器件采用两种结构均可。

在真空镀膜机腔体内，采用不同的蒸镀源，通过掩膜沉积源（S）、漏（D）电极。为了能够和有机半导体形成良好的欧姆接触，选择能级合适的金属材料作为源、漏电极，以利于和有机半导体形成欧姆接触。一般地，有机小分子 OFET 都是采用金（Au）

图 20-2　有机场效应晶体管
（OFET）实物图

作源、漏电极材料。图 20-2 是有机场效应晶体管（OFET）实物图。

本实验以并五苯为活性层制作底栅结构的有机场效应晶体管，并测试器件的 *I-V* 曲线。

2. 有机场效应晶体管活性层材料

并五苯中五个苯环呈线型结构，具有交替的单、双键组成的共轭体系，可使载流子在轴线上作自由运动，因而具有较大的载流子迁移率。并五苯作为 p 型沟道半导体材料，在 OFET 器件中的迁移率（μ）为 $0.1 \sim 1\ \mathrm{cm^2 \cdot V^{-1} \cdot s^{-1}}$，阈值电压（$V_T$）为 $2 \sim 3\ \mathrm{V}$，开关比（I_{on}/I_{off}）$= 10^7$，是最受青睐的 OFET 器件活性层材料。

并五苯可通过邻苯二甲醛和 1,4-环己二酮缩合而成（见图 20-3）。具体制备如下：取 5.6 g 1,4-环己二酮（0.05 mol）和 15.0 g 邻苯二甲醛（0.11 mol）于 250 mL 圆底烧瓶中，加入 80 mL 无水乙醇，机械搅拌、缓慢升温，保持温度低于 50℃，直至溶解呈澄清溶液，冷却。取 2.8 g KOH（0.05 mol）溶于 80 mL 水中，冰浴冷却下逐滴加入，滴加温度低于 45℃。滴加完毕，继续维持冰浴直至温度开始自行下降，撤去冰浴。继续搅拌 30 min。升温至回流 6～8 h。减压抽滤，滤渣先用水洗，然后用水醇溶液（体积比 10：1）洗至中性。干燥后，粗产品为亮黄色或微暗黄色固体粉末（6,13-并五苯二酮）。

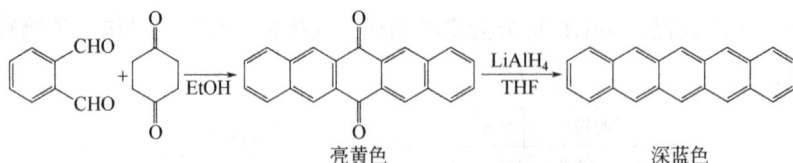

亮黄色　　　　　　　　　　　深蓝色

图 20-3　缩合法合成并五苯

在无水无氧条件下，取 1.0 g（3.25 mmol）研磨过的 6,13-并五苯二酮和 100 mL 干燥的四氢呋喃，加入干燥的烧瓶中，通 N₂ 排气，冰浴冷却，中速搅拌。快速加入 0.5 g（13.2 mmol）LiAlH₄，继续搅拌 30～40 min，室温下自然升温，加热至回流 1 h。撤去热源，自然冷却接近室温，加冰盐浴冷却。缓慢滴加 40 mL HCl 溶液（$6\ \mathrm{mol \cdot dm^{-3}}$）。滴加完毕，加热至回流 3 h。减压抽滤，滤渣分别用水、二氯甲烷、甲醇和乙醚洗涤，真空减压干燥后，得到深蓝色细粉末固体（并五苯），避光低温保存。

三、仪器与试剂

仪器：光刻机、真空镀膜机、金源、单晶硅基片、烘箱。

试剂：并五苯、四氢呋喃。

四、实验步骤

本实验制作的底栅结构 OFET 器件工艺见图 20-4 所示，沟道长度分别为 30 μm 和 50 μm，沟道宽度分别为 2 cm 和 3 cm，$W/L = 60$。具体操作过程如下：

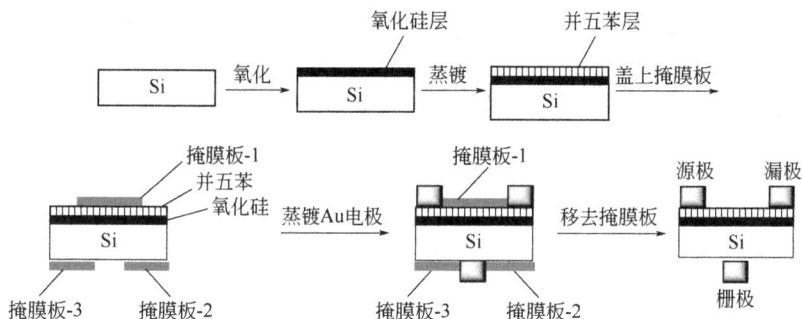

图 20-4　有机场效应晶体管（OFET）制作流程

1．清洗

选用一定尺寸的晶圆，放入去离子水、丙酮、异丙醇、乙醇溶剂中进行超声处理，最后再用去离子水超声处理一次。基片清洗干净后，可用 N_2 气将晶圆表面吹干，放入玻璃皿中，再移入烘箱烘干。

2．氧化

在高温炉中氧化 Si 基片，在硅片上长一层 500 nm 厚的二氧化硅作为绝缘层，再在该绝缘层上甩膜镀上一层十八烷基三氯硅烷，以修饰绝缘层。

3．蒸镀并五苯活性层

控制真空镀膜机腔体内的真空度为 10^{-4} Pa，在绝缘层上方真空镀膜沉积一层并五苯活性层，厚度控制在 40 nm 左右。

4．蒸镀源、漏电极

使用掩膜板 1～3，分别在并五苯薄膜和硅片表面蒸镀金电极，分别作为源板（S）、漏极（D）和栅极（G），得到如图 20-4 所示的结构。

5．*I-V* 测试

（1）源栅漏电极测试：将万用表置于 $R×1k$ 挡，用两表笔分别测量每两个管脚间的正、反向电阻。当某两个管脚间的正、反向电阻相等，均为数 kΩ 时，则这两个管脚为漏极 D 和源极 S（可互换），余下的一个管脚即为栅极 G。

（2）效应管的放大能力初试：将万用表拨到 $R×100$ 挡，红表笔接源极 S，黑表笔接漏极 D（相当于给场效应管加上 1.5 V 的电源电压）。这时表针指示出的是 D—S 极间电阻值。然后用手指捏栅极 G（将人体的感应电压作为输入信号加到栅极上）。由于晶体管的放大作用，相当于 D—S 极间电阻发生变化，可观察到表针有较大幅度的摆动。如果手捏栅极时表针摆动很小，说明晶体管的放大能力较弱。若表针不动，说明晶体管制作不成功。

（3）在 Kaithyling 电源表上对制备出的场效应晶体管的 I-V 曲线进行测试。具体地，将电源表的正极与器件的源电极连接、电源表的负极与器件的漏电极连接，根据电源数值记录出 I-V 曲线。

6. 数据处理

器件	电流	电压	阈值	开关比值
1. $L = 30\ \mu m$, $W = 2\ cm$				
2. $L = 30\ \mu m$, $W = 3\ cm$				
3. $L = 50\ \mu m$, $W = 2\ cm$				
4. $L = 50\ \mu m$, $W = 3\ cm$				

五、注意事项

由于人体感应的 50 Hz 交流电压较高，而不同的场效应管用电阻挡测量时的工作点可能不同，因此用手捏栅极时表针可能向右摆动，也可能向左摆动。无论表针的摆动方向如何，只要能有明显的摆动，就说明管子具有放大能力。为了保护场效应管，必须用手握住螺钉旋具绝缘柄，用金属杆去碰栅极，以防止人体感应电荷直接加到栅极上，将制作的晶体管损坏。

六、思考与讨论

1. 简述有机场效应晶体管器件（OFET）结构与组成。
2. 简述单层 OFET 器件制作的工艺流程。
3. 在 OFET 器件中的绝缘层通常使用 SiO_2，其作用是什么？又是如何制成的？
4. 从图 20-3 为例，指出实际器件上沟道长度（L）和沟通宽度（W）的位置。
5. 器件的性能参数与沟道长度、沟道宽度等有什么关系？
6. 对小分子半导体和高分子半导体材料来说，底栅接触和顶栅接触的 OFET 器件有什么区别？
7. 以并五苯为活性层，其堆积状态和排列形式影响 OFET 迁移率，试讨论采用何种制备方式来提高迁移率？
8. 有机薄膜的制备方法有几种？本实验使用真空镀膜的方法来制备并五苯薄膜，还可以用其它制膜的方法吗？

实验二十一　有机全固态太阳能电池制作

一、实验目的

1. 复习有机太阳能电池的工作原理；
2. 了解有机太阳能电池的三种结构；
3. 学习体相异质结有机太阳能电池（OPV）制备方法。

二、实验原理

有机太阳能电池是以有机半导体薄膜为活性层的太阳能电池，其最简单的结构为三明治结构（即单层器件），是将有机半导体薄膜置于两个电极之间，其中一个电极为低功函数的金属（又称为阴极），另一个电极为导电玻璃（ITO）（又称为阳极），透明的导电玻璃便于吸收太阳光。

双层结构是将 p 型半导体材料（电子给体，D）和 n 型半导体材料（电子受体，A）复合或混合在一起，可有效提高太阳能电池的光电转换效率，该器件又称为 p-n 异质结双层结构。

体相异质结是将给体（D）和受体（A）化合物按照一定的比例混合，溶解于同一种溶剂中，用旋涂法甩膜或共同蒸镀法制备成膜。这样制得的薄膜构成的器件称为体相异质结器件。由于 D 相和 A 相互相渗透并各自形成网络状连续相，光诱导所产生的电子和空穴可以分别在各自的连续相中传输到达各自对应的收集电极。所以，体相异质结器件中激子解离效率更高，激子复合概率降低，光电转换效率有效提高。

本实验采用溶液混合法制备体相异质结太阳能电池，其中给体（D）和受体（A）分别为 P3HT 和 PCBM。P3HT 和 PCBM 分别为 p 型半导体和 n 型半导体材料。为了改善 ITO 玻璃正极的界面性质，实验中使用 PEDOT-PSS 作为修饰层。PEDOT-PSS 为聚(3,4-乙烯二氧噻吩)-聚苯乙烯磺酸，是一种高分子聚合物，导电率很高。可配制成导电率不同的水溶液。所使用的材料结构式见图 21-1。

三、仪器与试剂

仪器：超声清洗仪、旋涂机、真空镀膜机等。
试剂：ITO 玻璃、丙酮、去离子水、氯苯、P3HT、PCBM、PEDOT-PSS、PET 膜片。

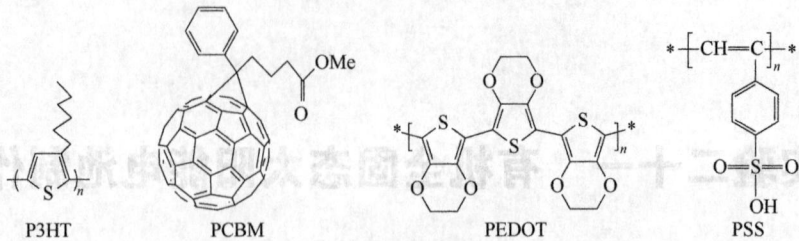

图 21-1 本实验使用的 P3HT、PCBM 和 PEDOT-PSS 分子结构

四、实验步骤

1. 有机活性层的配制

称量 0.1 g 的噻吩聚合物（P3HT）和 C₆₀ 衍生物（PCBM），分别溶于 10 mL 氯苯溶剂中，制成相同质量分数的 P3HT 氯苯溶液和 PCBM 氯苯溶液，再分别按质量比为 2∶1、1∶1 和 1∶2 将上述两种溶液混合，超声震荡混合均匀得到三种溶液后，取出放入手套箱中待用。

2. ITO 清洗及预处理

将 ITO 玻璃分别放入去离子水、丙酮、异丙醇和乙醇溶剂中进行超声处理，最后再用去离子水超声处理一次。使 ITO 片清洗干净后，可用 N₂ 气将玻璃表面吹干，再将 ITO 片放入玻璃皿中，移入烘箱烘干。

3. 旋涂 PEDOT-PSS 修饰层

ITO 玻璃基片放置在甩膜机转盘中，将 PEDOT-PSS 溶液滴在 ITO 基片上，在 1500 r/min 的转速下形成均匀的薄膜。

将 ITO 基片放在真空烘箱中在 80℃ 的温度下干燥 15 min，去除薄膜中的水分和其它溶剂。

膜层厚度与溶液本身黏度和旋转速度有关，膜厚一般与溶液黏度成正比，与转速平方根成反比。对于相同的材料，在相同的旋涂条件下成膜，膜层厚度基本保持不变，具有很好的重现性。

4. 旋涂 p-n 有机活性层

在 1500 r/min 的转速下，将 P3HT 和 PCBM 不同质量比的三种混合氯苯溶液（有机活性层溶液）分别滴附在三块 ITO 基片上形成均匀的薄膜；成膜后，将其放在真空烘箱中在 80℃ 的温度下干燥 15 min，去除薄膜中的水分和其它溶剂，制备得到质量比为 2∶1，1∶1 和 1∶2 的三种薄膜。

5. 蒸镀阴电极（金属层）

分别将三片载有有机薄膜的 ITO 基片置于真空镀膜机的腔体内，将铝丝挂在钨丝上进行蒸发，通过调节钨丝的温度来控制铝丝的蒸发速率（控制在 5 nm/s 左右），最终的蒸镀膜厚为 150 nm。真空蒸发镀膜系统的真空度可达到 10^{-5} Pa。

6. 器件封装

将 PET 膜覆盖在器件的阴极一面，严实地涂上封装胶后，置于真空烘箱里 40 s 后取出，完成封装工序。

温度设定不能过高（一般设定为 130℃），否则会损毁太阳能电池样品或影响其性能，也不能过低，那样就会造成封装胶不能完全熔化开，起不到封装效果。

五、思考与讨论

1. 简述全固态太阳能电池（OPV）结构与组成。写出本实验制作的 OPV 器件结构式。

2. 简述体相异质结 OPV 器件制作的工艺流程。

3. 单层结构与多层结构的有机太阳能电池区别及特点有哪些？

4. 为什么在器件制作中需要在手套箱中进行？是否可以在干净的实验室中制作？

5. 所有有机薄膜是否可以通过旋涂的方式制作？

6. 分别自行设计一个单层、双层和体相异质结的 OPV 器件结构，并给出制作流程。

7. 什么是 p 型有机半导体？什么是 n 型有机半导体？两者与有机分子给体和有机分子受体有什么关系？

实验二十二 有机太阳能电池性能测试

一、实验目的

1. 熟悉有机太阳能电池（OPV）性能参数；
2. 学习太阳能电池 *I-V* 曲线的测试方法；
3. 学习 P_{max}、填充因子（*FF*）和光电转换效率参数的计算方法。

二、实验原理

1. OPV 工作原理

有机太阳能电池是以有机半导体薄膜为活性层的太阳能电池。在太阳光辐照下，有机活性层产生电子-空穴对，在给体与受体的界面实现电荷分离，或者与电极的功函数不同来共同作用实现电荷分离，进而分离为游离的电子和空穴（即自由载流子），电荷迁移到电极、产生电流、经电极导出，储存在蓄电池之中。

在双层异质结器件中，给体（D）和受体（A）化合物分层排列于两个电极之间，形成平面型 D-A 界面（图 22-1）。其中正极功函数需要与给体的 HOMO 能级匹配，负极功函数需要与受体的 LUMO 能级匹配，因此，双层异质结器件中电荷分离的驱动力来自于给体 HOMO 和受体 LUMO 的能极差，即给体和受体界面处电子势垒。在电极与有机活性层界面处，如果势垒较大（大于激子结合能），激子的解离就较为有利，电子将会转移到较大电子亲和能材料的 LUMO 能级。

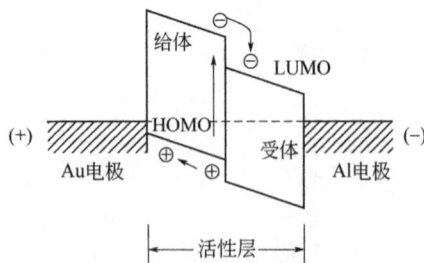

图 22-1 双层异质结器件能级示意图

体相异质结是将给体（D）和受体（A）化合物按照一定的比例混合，溶解于同一种溶剂中，用旋涂法甩膜或共同蒸镀法制备成膜。这样制得的薄膜构成的器件称为体相异质结器件。由于 D 相和 A 相互相渗透并各自形成网络状连续相，光诱导所产生的电子和空穴可以分别在各自的连续相中传输到达各自对应的收集电极。所以，体相异质结器件中激子解离效率更高，激子复合概率降低，光电转换效率有效提高。

2．OPV 器件参数

有机太阳能电池性能参数主要有：短路光电流（I_{sc}）、开路光电压（V_{oc}）、填充因子（FF）、光电转换效率和器件外量子效率（η）。这些参数可通过测定的 I-V 曲线得出（图 22-2）。

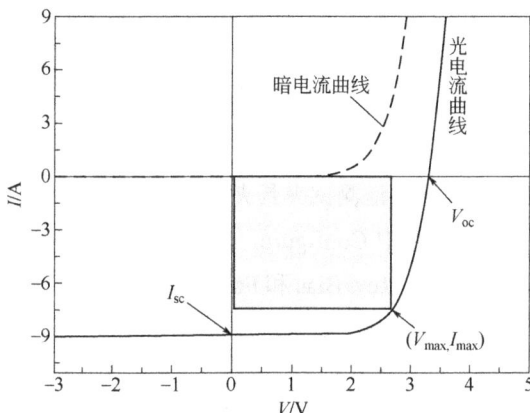

图 22-2　有机太阳能电池电流-电压曲线

在光照下，太阳能电池正、负电极短路（即电池输出的电压为零）时的电流称为短路光电流（I_{sc}）。在 I-V 曲线中，短路光电流（I_{sc}）对应着第四象限中光电流曲线与纵坐标的交点处。

在光照下，太阳能电池处于断路状态时，即电池的输出电流为零时的电压称为开路光电压（V_{oc}）。当电路处于断路状态时，n 型半导体内积累电子，p 型半导体内积累空穴，当光生电荷的产生与复合达到平衡时，电池产生的光电压称为开路光电压（对应第四象限中光电流曲线与横坐标交叉点处）。

填充因子是考量电池输出性能的最重要参数，定义为在一定负载下电池最大输出功率值（P_{max}）与短路光电流（I_{sc}）和开路光电压（V_{oc}）乘积的比值。见图 22-2 中深色阴影面积。

光电转换效率是描述入射单色光子-电子转化效率，定义为单位时间内外电路中产生的电子数与入射单色光子数之比，数学表达式为：

$$IPCE = \frac{1240 J_{sc}}{\lambda P_{light}} \qquad (22\text{-}1)$$

式中，J_{sc} 为短路光电流密度，$\mu A \cdot cm^{-2}$；λ 为入射单色光的波长，nm；P_{light} 为入射单色光的功率，$W \cdot m^{-2}$。

三、仪器与试剂

仪器：太阳能模拟器及配套软件、Keithley-4200 电源表、自制 OPV 器件（ITO/PEDOT-PSS/P3HT/PCBM/Al）。

四、实验步骤

1. 打开太阳能模拟器主机开关及配套软件打开电源开关，按"Lamp Start"键打开光源，待仪器稳定 15min。

2. 再开启测试电脑，打开 Keithyley 数字源表的开关，点击电脑桌面上的"PVIV"测试软件。

3. 将自制的 OPV 器件用电池测试夹具夹住电池的两极。

4. 点击"PVIV"测试软件中 Configure，然后逐步设置各项参数。在 Sample Area 项中输入电池的实际面积值，在 Rev. Bias 和 Forward Bias 两项中输入要施加的偏压值，两个值的大小要分别在 0 点的两侧，要涵盖开路电压的值。

5. 确认参数设置后，点击软件中的"RUN"键，这时模拟器的快门自动打开，有光斑输出；进行扫描，测得光电流曲线，如图 22-2 中所示。

6. 再在暗场下进行扫描，测得暗电流曲线；测试结束时，软件右下方会给出该电池各项性能指标值。

7. 实验结束时先点击软件中的"EXIT"键退出软件，然后点击电源界面处的"Lamp Off"键关闭光源，再关闭 Keithyley 数字源表的开关。

8. 待模拟器主机的冷却风扇自动停止转动后方可关闭模拟器电压开关，然后关闭电源开关，最后切断总电源。

五、数据处理

1. 暗场下器件 I-V 曲线

在无光照情况下，I-V 曲线通过原点（0，0），电压在大于 2 V 时，I 随着 V 增大而迅速增大，呈现二极管特性。如图 22-2 虚线曲线所示。

2. 光场下器件 I-V 曲线

光照情况下测得的有机太阳能电池 I-V 曲线不通过原点，如图 22-2 实线曲线所示。

根据实验条件下测得的 I-V 曲线，可得到开路电压 V_{oc}、短路电流 I_{sc}、I_{max}、V_{max} 数值，并计算得到填充因子 FF 和光电转换效率 η_p 等，评价制作的 OPV 器件的光电转换性能。

3．器件参数

器件结构为：ITO/PEDOT-PSS/P3HT:PCBM/Al

器件结构中 P3HT:PCBM 的比例	$J_{sc}/mA \cdot cm^{-2}$	V_{oc}/V	I_{max}/A	V_{max}/V	FF
2∶1					
1∶2					
1∶2					

六、注意事项

由于仪器对湿度要求特别高，开机之前必须有抽湿机将操作间内的湿度维持在50%以下。

如果模拟器的光源使用时间长的需要用标准硅电池进行校准，需要仪器负责人操作。

七、太阳能模拟器简介

太阳能模拟器是用人工光源来模拟太阳光辐射一种设备，它可克服真实太阳光的辐射受时间和气候影响，且总辐照度不能调节的缺陷，特别适合于科学研究。在有机光电材料与器件专业实验中，利用太阳能模拟器作为人工太阳光源，测试有机光伏器件（OPV）和染料敏化太阳能电池（DSSC）性能。

太阳能模拟器（图22-3）主要由光源，储能供电模块，滤光系统，匀光系统，电子负载和软件系统等组成。稳态模拟器电源是太阳模拟器的供电电源，主要由恒流和恒压以及调光控制。由于稳态模拟器电源功率大，光源的点燃瞬间需要大的启动电压，气体易被击穿后瞬间产生大电流，这将产生极强的电磁波，因此需要做好电磁方面的防护，以免烧坏其它器件。

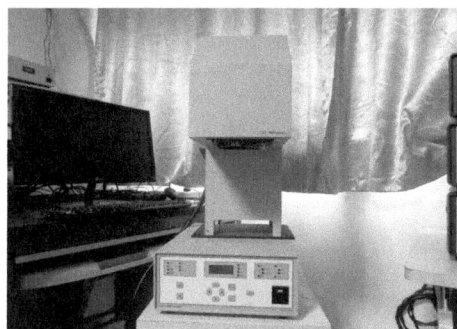

图 22-3　太阳能模拟器

通常由 1000 W 氙灯作为太阳模拟器的光源来模拟太阳光的，此外还包括了一整套的测试系统。软件系统是人机交换的窗口，首先是通过数据拟合出一条 I-V 曲线，并通过这些数据给出太阳能电池的相关参数，比如开路电压（V_{oc}）、短路电流（I_{sc}）、最大功率（P_{max}）等信息。

八、思考与讨论

1．简述太阳能模拟器的组成、指标和操作步骤。

2．简述 Keithley-4200 电源表操作步骤。

3．测试 OPV 器件的 I-V 曲线，需要测试光场 I-V 曲线和暗场 I-V 曲线，观察这两条曲线各有什么特点。

4．本实验中，如果 OPV 器件不用 PEDOT:PSS 作为修饰层，将会对器件性能有什么影响？

5．试比较双层异质结和体相异质结太阳能电池的开路电压 V_{oc}、短路电流 I_{sc}、填充因子 FF。

6．通过本实验中测得的三个器件的性能参数，讨论给体、受体的含量对器件性能参数的影响。

实验二十三 染料敏化太阳能电池的制备

一、实验目的

1. 复习染料敏化太阳能电池器件的工作原理；
2. 学习染料敏化太阳能电池器件的制备方法。

二、实验原理

染料敏化太阳能电池（DSSC）是由导电玻璃、有机染料及吸附该染料的纳米晶二氧化钛薄膜、电解质（常用 I^-/I_3^-）和镀铂导电玻璃组成的一种夹心状电池。结构可表示为：$ITO\|TiO_2$(吸附染料)$\|$电解质$(I^-/I_3^-)\|Pt(ITO)$。

DSSC 器件主要由负极、正极和电解质三部分组成，类似于电化学工作站的三电极体系。器件的负极为 $ITO\|TiO_2$(吸附染料)，即由染料敏化的多孔纳米晶氧化物吸附在 ITO 上构成；这是器件的核心部分，又称为工作电极。

目前合成纳米 TiO_2 的方法有多种，如溶胶-凝胶法、水热法、沉淀法、电化学沉积法等。本实验采用溶胶-凝胶法。

器件的正极为 Pt(ITO)。沉积金属铂是为了催化电解质中的氧化还原反应，此电极又称为电池的参比电极。

电解质（I^-/I_3^-）填充于正、负极之间，构成电池的对电极，起着存储离子和平衡离子的作用。电解质有液态、准固态和固态三种。

本实验使用典型的联吡啶钌配合物（俗称 N3 染料，见图 23-1）为有机染料，其分子中含有 4 个羧基有利于该染料分子牢固地连接到 TiO_2 半导体的表面，增强了联吡啶配位体与 TiO_2 导带的电子偶合，可大大加速染料激发态向 TiO_2 导带注入电子的速度。若不用 N3 染料，也可用四苯基卟啉铁（FeTPP）代替（见图 23-1）。

三、仪器与试剂

1. 仪器：导电玻璃（ITO）、镀铂导电玻璃（ITO/Pt）。

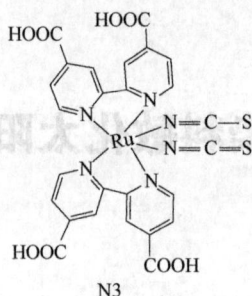

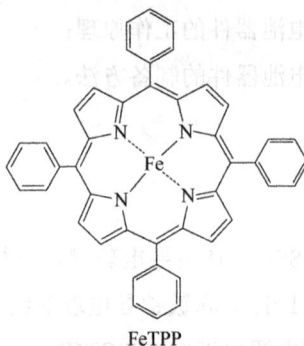

图 23-1　联吡啶钌（N3 染料）和四苯基卟啉铁（FeTPP）的结构式

2．试剂：钛酸四丁酯、异丙醇、硝酸、无水乙醇、去离子水、碘与碘化钾的混合溶液、N3 染料或四苯基卟啉染料。

四、实验步骤

1．TiO₂ 溶胶制备

（1）在 500 mL 的三口烧瓶中加入硝酸稀溶液（体积比 1∶100）约 100 mL，将三口烧瓶置于 60~70 ℃ 的恒温水浴中加热。

（2）在无水环境中，将 5 mL 钛酸丁酯加入含有 2 mL 异丙醇的分液漏斗中，将混合液充分震荡后缓慢滴入（约 1 滴/秒）上述三口烧瓶中的硝酸溶液中，并不断搅拌，直至获得透明的 TiO₂ 溶胶。

2．染料的配制（N3）

用无水乙醇为溶剂配制成 0.2～0.3 mmol·dm⁻³ 的溶液，超声 15 min。

3．TiO₂ 电极制备

取 ITO 导电玻璃经无水乙醇、去离子水冲洗、干燥，分别将其插入 TiO₂ 溶胶中浸泡提拉数次，直至形成均匀液膜。取出平置、自然晾干，在红外灯下烘干。最后在 450℃ 下于马弗炉中煅烧 30 min 得到锐态矿型 TiO_2 修饰电极。

4．N3 染料敏化电极

将煅烧后的 TiO_2 电极冷却到 80℃，浸入在 N3 染料溶液中，浸泡 2~3 h 后取出，清洗、晾干，即获得经过染料敏化的 TiO_2 电极。

若不用 N3 染料，也可用四苯基卟啉铁化合物代替。

5．正电极的制备

使用磁控溅射将 Pt 沉积到导电玻璃（ITO）面作为正电极，磁控溅射镀膜参见实验十七中实验原理部分。

6．DSSC 电池组装

染料敏化太阳能电池（DSSC）主要由负极、正极和电解质三部分组成。DSSC 器件组装顺序如下所示：

（1）将浸渍好染料的 TiO_2 膜边缘用透明胶（或者封装膜）黏好，留一个尺寸为 5 mm×5 mm 的槽；

（2）将槽口朝上，用注射器滴入 I_3^-/I^- 电解质溶液；

（3）将正电极的导电面朝下压在 TiO_2 膜上，需将两个电极稍微错开，以便利用暴露在外面的部分作为电极测试用；

（4）最后用两个鳄鱼夹把电池夹住即得到 DSSC，如图 23-2 所示。

图 23-2　染料敏化太阳能电池的结构

7．封装

使用玻璃胶将器件简易封装起来，正负极的导电玻璃错开，方便测试。

五、思考与讨论

1. 简述 TiO_2 溶胶制备的过程。

2. 敏化剂在 DSSC 电池中的作用有哪些？使用 N3 作敏化剂的原理是什么？

3. 光阳极的哪些性质会影响电池性能？

4. 影响染料敏化太阳能电池光-电转化效率的因素有哪些？

5. 与全固态太阳能电池相比，DSSC 电池有哪些优势和局限性？

实验二十四 染料敏化太阳能电池表征

一、实验目的

1. 复习染料敏化太阳能电池（DSSC）的工作原理；
2. 学习 DSSC 性能测试的方法。

二、实验原理

DSSC 器件工作原理如图 24-1 所示。

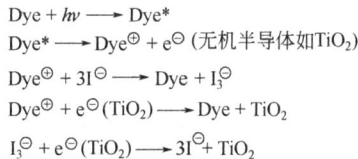

$$Dye + h\nu \longrightarrow Dye^*$$
$$Dye^* \longrightarrow Dye^{\oplus} + e^{\ominus}（无机半导体如TiO_2）$$
$$Dye^{\oplus} + 3I^{\ominus} \longrightarrow Dye + I_3^{\ominus}$$
$$Dye^{\oplus} + e^{\ominus}(TiO_2) \longrightarrow Dye + TiO_2$$
$$I_3^{\ominus} + e^{\ominus}(TiO_2) \longrightarrow 3I^{\ominus} + TiO_2$$

图 24-1 DSSC 器件光电转换工作原理（Dye 为染料分子）

提高器件对太阳光的吸光效率将有助于提高器件的光电流。因为光电流的产生包括染料吸光、电子注入、电子传输等多个串联过程（见图 24-1）。为了提高器件对太阳光的吸光效率，需要染料具有宽波段强吸收性质，同时还需要半导体纳晶（如 TiO_2）薄膜电极具有高比表面积，以便吸附更多的染料，有利于提高染料吸收效率和电荷注入效率。

半导体费米能级与对电极（即电解质溶液中的氧化电位）的电势差决定着 DSSC 的光电压大小。当负极受到光照时，染料向半导体导带注入电子，电子在半导体导带中的积累将导致半导体的费米能级上升，此时光电压也随之增大。

半导体中电子在传输过程中将会与染料正离子、电解质正离子发生复合反应，从而抑制了器件光电压的增长。由于这些复合均是在界面上发生的，因此对半导体的表面修饰、优化半导体纳晶微结构、优化电解质组分等方法可有效抑制复合反应，提高光电压。

如在 ITO 玻璃电极上制备一层致密的二氧化钛层，可阻隔电解液与 ITO 的接触，有利于纳晶中的电子传递到 ITO 上；若在纳米晶表面吸附染料也可阻隔电解液与纳晶二氧化钛直接接触，从而可降低复合概率，提高光电压；另外，在染料分子上引入大的具有空间位阻的基团在一定程度上也可抑制复合，使得光电压提高。

收集效率定义为注入电极上的电子数目与流向外电路电子数的比值。降低器件中界面势垒、消除电子在传输过程中的各种陷阱、较小电荷复合概率，将会有利于提高器件的收集效率。在 DSSC 器件中，若纳米颗粒的比表面积过大，将会增加电子传输路途中的陷阱数目，且纳晶与纳晶之间存在的势垒也会阻碍电子的输运；若在纳晶颗粒中引入纳米管或纳米线将会促进电子输运，有助于提高收集效率。

三、仪器与试剂

仪器：多功能万用表、电动搅拌器、马弗炉、红外线灯、三电极电解池、铂片电极、饱和甘汞电极、自制的 DSSC 电池（器件 1 和器件 2）、太阳能模拟器及光电测试系统。

四、实验步骤

1．循环伏安曲线测定

为考察不同的染料敏化剂在纳米 TiO_2 电极上的电化学行为和可逆性，分别以染料敏化后的 TiO_2 电极为工作电极，铂电极为对电极，饱和甘汞电极为参比电极，I_2/I_3^- 溶液为支持电解质，测定 $0.2\sim1.4$ V 电位区间的敏化电极的循环伏安谱，改变扫描速率确定敏化剂发生电化学反应的可逆性。

2．DSSC 器件光电性能测试

在光电性能测试系统中测定 DSSC 的 *I-V* 特性曲线。光电性能测试系统由电化学工作站、氙灯光源、计算机及有效面积控制挡板组成。测试时，模拟光源的强度用辐照计调整为 $100\ mW\cdot cm^{-2}$。具体操作步骤如下：

（1）测试染料敏化剂的紫外-可见吸收曲线；

（2）测试染料敏化剂的循环-伏安曲线；

（3）测试不同波长辐照下 DSSC 的光电转换效应；

（4）记录波长及对应的开路电压和短路电流。

根据实验条件下测得的 *I-V* 曲线，可得到开路电压 V_{oc}、短路电流 I_{sc}、I_{max}、V_{max} 数值，并计算得到填充因子 *FF* 和光电转换效率 η_p 等数，评价制作的 OPV 器件的光电转换性能。

3．器件参数

器件	J_{sc}/mA·cm^{-2}	V_{oc}/V	I_{max}/A	V_{max}/V	*FF*
1					
2					

五、思考与讨论

1．比较本实验中自制的 DSSC 太阳能电池的开路电压 V_{oc}，短路电流 I_{sc}，填充因子 FF。

2．DSSC 器件制作中，如何选择染料和半导体的？

3．实验中，使用不同的电解质，会对器件性能有什么影响？

4．通过本实验中测得的器件的性能参数，讨论影响器件性能的因素。

5．试比较使用联吡啶钌、四苯基卟啉铁和花青染料作为敏化剂以敏化 TiO_2，得出的 DSSC 性能哪个优越一些？为什么？

实验二十五　酞菁铜光导鼓器件制备

一、实验目的

1. 学习纳米级酞菁铜（CuPc）的制备方法；
2. 学习有机光导体的应用。

二、实验原理

有机光导（简称 OPC）材料是指在光的作用下，能引起光生载流子的形成和迁移的一类新型有机功能材料。有机光导体的导电机理分为光生载流子的产生、载流子迁移及载流子有序输运三个部分。具体地，在光激发下，有机光导体产生束缚电子-空穴对；在电场作用下，电子-空穴对解离为游离的电子和空穴，电子进入导带（LUMO）、空穴进入价带（HOMO），形成自由载流子。

有机光导体材料必须满足下列条件：

（1）具有高的摩尔吸光系数（ε），即光吸收能力高，以实现高的光谱响应；

（2）在暗场下电导率要尽可能低，光场下电导率要尽可能高；

（3）具有光化学稳定性和热稳定性。

酞菁类化合物热稳定性和光稳定性高、在近红外区域（700～850 nm）的摩尔吸光度强，是具有实用价值的 OPC 材料。

如酞菁铜（图 25-1）在暗电场下导电率很低；在光照下导电率显著提高；且具有较高浓度的光电子-空穴对。纳米级酞菁铜由于比表面积显著增大，电位明显提高，使光导体的光敏性比微米级材料光导体成倍提高。

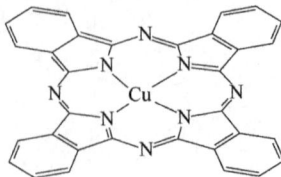

图 25-1　酞菁铜分子结构

三、仪器与试剂

仪器：铝基片、G2 玻璃沙芯漏斗、FMX-003 静电测试仪。

试剂：酞菁铜、C_{60}、浓硫酸、蒸馏水、聚乙二醇、丙酮、乙醇、聚乙烯醇缩丁醛（PVB）。

四、实验步骤

1．酞菁铜精制

（1）称取 1 g CuPc 粗产品，在冰水浴条件下分批溶解于剧烈搅拌的 15 mL 浓硫酸中，保持温度不超过 5℃搅拌 1 h。

（2）然后用 G2 玻璃沙芯漏斗过滤。将滤液在搅拌和低于 5℃的温度下缓慢滴加到 200 mL 冰水混合物中，得到悬浮液，过滤。

（3）用蒸馏水洗至中性，干燥得到精制的 CuPc。

2．纳米酞菁铜的制备

（1）在冰水浴条件下，向 500 mL 四口瓶中加入 0.1 g 聚乙二醇和 200 mL 蒸馏水，开动搅拌，使之溶解。

（2）在烧杯中，将 1 g 精制的 CuPc 溶解于 16 mL 浓硫酸中，用 G2 玻璃沙芯漏斗过滤，并把滤液转移到滴液漏斗中。将 CuPc 的浓硫酸溶液以 20～25 滴/min 的速度滴加到含聚乙二醇的蒸馏水中，形成 CuPc 的悬浮液。

（3）滴加完毕，过滤悬浮液，滤饼用蒸馏水洗至中性，而后用丙酮、乙醇洗去水分，置于冰箱中冷冻。用真空泵进行真空冷冻干燥，干燥后得纳米 CuPc。

3．OPC 器件（感光板）的制作

（1）清洗铝基片：分别经洗涤剂、乙醇、丙酮、去离子水超声清洗 15 min，各步骤之间用大量去离子水冲洗，最后用高纯氮气吹干。

（2）研磨：酞菁铜是难溶的晶体，必须在研钵里经反复研磨、乳化，形成均匀分布的稳定分散体系。

（3）电荷发生材料（CGM）：将 PVB 树脂与 CuPc 分别按 1∶1 和 1∶2 的质量比配成两种不同的有机光导体涂布液。

（4）电荷传输材料（CTM）：将 PVB 树脂与 C_{60} 按 1∶1 和 1∶4 的质量比配成两种不同的电荷传输材料涂布液。

（5）感光板的制作：以浸涂方式，先将有机光导体涂布液涂布在氧化铝基表面形成涂层（1 μm 左右）；烘干后再涂覆厚度为 20 μm 左右的电荷传输材料，烘干后即得到双层结构的感光板卷曲成圆筒状即为光导器件。图 25-2 是打印机中的有机光导鼓示意图。

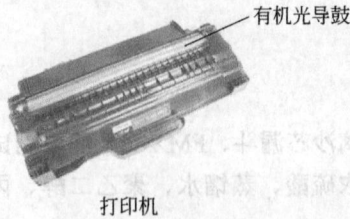

图 25-2　打印机的核心部件——有机光导鼓

五、思考与讨论

1. 本实验中使用 PVB 树脂的作用是什么？
2. 简述有机光导鼓的涂布方法有哪些？
3. 简述以酞菁铜为有机光导鼓器件制备流程。
4. 有机光导体材料的研磨为什么对光导鼓性能影响很大？
5. 在金属酞菁配合物中，酞菁铜的光敏性并不是最佳；但是光导鼓器件大多选择酞菁铜作为光导鼓的核心层，是什么原因？

实验二十六　含聚乙烯基咔唑光导鼓的制备与测试

一、实验目的

1. 复习有机光导体导电机理；
2. 学习有机光导鼓制作与光电导测试方法。

二、实验原理

在有机光导体中基态的电子吸收光子成为缔合的电子-空穴对（即激子），它在介质中移动与表面缺陷部分相互作用，或以激发子-激发子间的相互作用来形成自由载流子，自由载流子可以是空穴或电子。在电场作用下，这些载流子做定向的移动，从而产生光电流。光照射结束后，电子-空穴对复合，光电流则衰减为零。

聚乙烯基咔唑（PVK）是芳香性结构含氮杂环高聚物，具有优良的光电导性能和优异的介电性能。由于具有较好的空穴传输能力，被广泛应用于电子照相用的感光体、静电复印和激光打印中的感光记录材料。

聚乙烯基咔唑是由 9-乙烯基咔唑通过自由基引发聚合或通过离子型催化聚合而得（图 26-1），结构上为侧链共轭型高分子，通过咔唑环上取代基效应可改性材料的性质，可成膜、可挠曲，有利于柔性器件的制作。聚乙烯基咔唑的比电阻大，绝缘性很好，暗电流（I_{dark}）小；用小于 400 nm 的光照射时，具有较大的光电流（I_{ill}），且在正电场中光电流较大，表明以空穴导电为主。

图 26-1　聚乙烯基咔唑（PVK）的合成路线

三、仪器与试剂

仪器：三口烧瓶、磁力搅拌器、热恒温水浴锅、真空干燥箱、紫外-可见吸收光谱仪、数字万用表。

　　试剂：聚乙烯咔唑（PVK）、C_{60}、甲苯。

四、实验步骤

　　1．将 PVK 和 C_{60} 按质量比 1∶1 溶解在甲苯溶液中，搅拌均匀后放入通风橱中缓慢加热（<60℃），观察到溶液变稠时，停止加热将其取出；缓慢均匀地倒在 ITO 玻璃上（导电面），在室温下挥发一部分后，再将一部分稠溶液均匀缓慢地倒在上边，如此反复若干次后放置于烘箱中梯度升温至 80℃。

　　2．再将另一块 ITO 玻璃电极对好放置在第一块 ITO 玻璃上，加热至在 100℃，保持 20 min 后，在 10 min 内梯度降温至 40℃后，放在烘箱内 40℃恒温保存。

　　3．或者是通过简单的热压法制备厚度均匀的薄膜样品（如图 26-2 所示），将 PVK 和 C_{60}（质量比 1∶1）置于烘箱中加热到其熔点以进行重新混匀，对其不断地进行压挤，将薄膜内未排出的气泡排除掉。反复加热、挤压，如此重复多次，可得到厚度较均匀的有机光导鼓器件（图 26-2）。

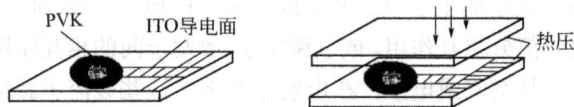

图 26-2　有机光导体器件结构图

　　本实验采用热压法制备器件，采用不同挤压次数制作三个结构相同的有机光导鼓器件，待测。

　　4．采用光电流法测光电导率，所用光源为氦-氖激光器，波长为 632.8 nm，光强可调，通过反射镜和扩束镜照射到样品上，采用数字万用表测试 PVK 的光电导率，列于下表中。

　　5．光导鼓器件光电导性能。

光导鼓	正向电压/V	光电导率	负向电压/V	光电导率
1．加热挤压 3 次				
2．加热挤压 6 次				
3．加热挤压 9 次				

五、思考与讨论

　　1．有机光导体器件结构与组成有哪些？

2．本实验中聚乙烯咔唑（PVK）和 C_{60} 作用是什么？

3．简述有机薄膜制备的方法。

4．本实验使用热压法制备厚度均匀的薄膜样品，试简述其制备过程。

5．通过本实验中测得的 3 个器件的性能参数，讨论影响器件性能的因素。

2．本实验中溴乙烷纯度（PVK）和 C_{60} 由中提出。

3．实验引起激器测量为方法。

4．本实验用最直观实验时实度测出与固溴吸收样，比较其实验之数值

实验二十七 环氧树脂胶的制备与光固化

一、实验目的

1．了解环氧树脂胶黏剂的主要成分与制备方法；
2．学习环氧树脂的光固化技术；
3．了解有机光电器件的封装基本技术。

二、实验原理

环氧树脂具有极强的黏结性，可牢固地黏结各种材料，俗称"万能胶"。环氧树脂是由双酚 A 和环氧氯丙烷在氢氧化钠催化下反应制备而成的一种环氧低聚物（反应如图 27-1 所示），分子量低的环氧树脂呈液体状态，分子量高的为固体，可溶于丙酮和甲苯等溶剂。

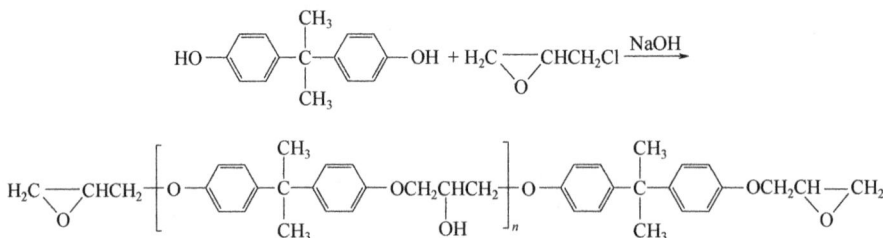

图 27-1 环氧树脂低聚物制备路线

环氧树脂胶黏剂主要由环氧树脂和固化剂（如乙二胺）两大部分组成，使用时再加入后者。为改善某些性能，满足不同用途还可以加入增韧剂、稀释剂、促进剂、偶联剂等辅助材料。

环氧树脂的固化是通过环氧键开环，使线型分子发生交联反应形成体型三维网状的热固性塑料。通常在常温（固化时间长）或加热条件下，环氧树脂与固化剂按一定比例混合后，便可固化。

在电子化工中环氧树脂固化多采用紫外光固化的方法，即在紫外光作用下，通过环氧树脂中光引发剂活化，使之发生交联反应。光引发剂光固化可分为两类：自由基固化体系和阳离子固化体系。前者是在光照下，产生引发剂自由基，引发具有化学活性的液态物质迅速转变为固态的链式反应。阳离子光固化是指阳离子引发剂在紫外光辐照下产

生质子酸或路易斯酸，形成正离子活性中心，引发阳离子开环聚合。与传统的热聚合反应类似，一旦光引发开始，反应就以很快的聚合速度进行下去。

三、仪器与试剂

仪器：电子天平、水浴搅拌器、三口烧瓶、滴液漏斗、回流冷凝管、分液漏斗、玻璃板、高压汞灯。

试剂：双酚 A、环氧氯丙烷、氢氧化钠、蒸馏水、甲苯、二苯基碘鎓六氟磷酸盐（DPI·PF$_6$）。

四、实验步骤

1. 双酚 A 环氧树脂的制备

（1）称取 22.8 g 双酚 A，27.6 g 环氧氯丙烷放入装有滴液漏斗的三口烧瓶中，水浴下机械搅拌，加热升温至 70℃使双酚 A 全部溶解；

（2）将 20 mL NaOH 水溶液（5%）缓慢滴加至三口烧瓶中，约 0.5 h 滴加完毕；

（3）滴加完毕后，将滴液漏斗换成回流冷凝管，在 75～80℃下继续反应 2 h，可观察到反应混合物呈乳黄色。待反应停止后，冷却至室温；

（4）将反应液倒入 150 mL 的分液漏斗中，再加入 30 mL 蒸馏水和 60 mL 甲苯，充分混合后，静置分层，分离出水层，油层用蒸馏水洗涤数次，直至水层中性且无氯离子；

（5）将分离出的有机层用减压蒸馏的方法除去甲苯、水和未反应的环氧氯丙烷，最终得到淡黄色黏稠的环氧树脂。

2. 双酚 A 环氧树脂的光固化

（1）按 1∶50 的量将光引发剂（DPI·PF$_6$）环氧树脂混合均匀后，涂在洁净干燥的玻璃板上，涂层厚约 0.5 mm；

（2）置于高压汞灯下，平均辐照强度 1.4 mW·cm^{-2}（254 nm），光照一定时间后得到环氧固化膜。

五、思考与讨论

1. 环氧树脂的分子量是否与双酚 A 与环氧氯丙烷的比例有关？
2. 从结构上分析，为什么环氧树脂具有胶黏能力？
3. 简述环氧树脂胶黏剂制备过程。
4. 简述光固化技术的操作过程。
5. 光固化辐照时间对环氧树脂光固化有无影响？
6. 比较环氧树脂热固化（常温固化）和光固化的特点和条件。

实验二十八 甲基丙烯酸甲酯光刻胶的制备

一、实验目的

1. 了解甲基丙烯酸甲酯光刻胶的制备及性能;
2. 学习甲基丙烯酸甲酯光刻技术。

二、实验原理

光聚合体系包括三种主要组分:低聚物(或称预聚物、树脂)、单体(又称活性稀释剂)和光引发剂。其中,树脂赋予材料以基本的物理化学性能;单体主要用于调节体系的黏度,也影响着固化速率和材料的性能;光引发剂则用于产生引发聚合反应的活性种(如自由基或阳离子)。

光刻胶(又称为光致抗蚀剂)是由树脂(低聚物)、感光剂(光引发剂)、溶剂(单体)和添加剂组成。树脂是光刻胶的骨架和基础材料,它对光刻胶性能有决定性的影响。在半导体器件制作中,需要在硅片材料上制作亚微米尺寸的几何图案,其制作工艺中需要运用光刻胶作为抗蚀保护层。

光刻胶可分为负性光刻胶和正性光刻胶两类。负性光刻胶是在紫外光照射下,光刻胶中光照部分发生交联反应,溶解度变小,用适当溶剂把未曝光的部分显影除去,在被加工表面形成与曝光掩膜相反的图像。正性光刻胶是在紫外光照射下,光刻胶的光照部分发生分解,溶解度增大,用适当溶剂把光照部分显影除去,即形成与掩膜一致的图像。

光刻技术的原理是运用感光性树脂材料在控制光照(主要是 UV 光)下,短时间内发生化学反应,使得上述材料的溶解性在曝光后发生明显的变化,再通过溶剂溶解、显影后就可获得的亚微米尺寸的几何图案。这种方法称为光刻法(光刻技术)。

本实验以甲基丙烯酸（MAA）、甲基丙烯酸甲酯（MMA）、丙烯酸丁酯（BA）为单体，偶氮二异丁腈为引发剂，采用溶液自由基聚合方法，制备甲基丙烯酸酯类光刻胶成膜树脂。

三、仪器与试剂

仪器：量筒、烧杯、三口烧瓶、恒温磁力搅拌器、电子天平、循环水泵、干燥箱、SC-1B 型匀胶台、BP-2B 型烘胶台。

试剂：甲基丙烯酸甲酯（MMA）、甲基丙烯酸（MAA）、丙烯酸丁酯（BA）、偶氮二异丁腈（AIBN）、四氢呋喃（THF）、甲醇、去离子水、铝片。

四、实验步骤

1．甲基丙烯酸树脂制备

（1）量取 25 mL MMA，按质量比 25∶50∶25 分别称取 MAA、MMA 和 BA 三种单体置于不同的三个烧杯内，并分别在一定量的 THF 中溶解备用。

（2）称取 AIBN，其质量分别为上述三种单体质量的 1%，并加入三种单体溶液中。

（3）将上述 MAA 和 MMA 两种单体溶液加入到三口烧瓶中混合均匀，通氮气保护。在搅拌的条件下，升温至 80℃，反应 30 min 后，通过恒压滴液漏斗加入上述 BA 单体溶液，反应 1 h 后，降温出料。在大量甲醇与水为 1∶1 的溶液中析出，抽滤并烘干。

2．光刻胶配制

（1）称取上步中获得的成膜树脂 0.5 g，光引发剂 0.1 g，溶于 17 mL THF 中，搅拌混合均匀。用滤纸过滤，得到粗滤的感光胶 A，贮存在棕色玻璃瓶中备用；

（2）将铝片放置到匀胶机上，开启真空吸紧，将上述所得感光溶液倒于铝版基或硅片上，控制匀胶转速 500 r/min、匀胶时间 15 s，高速 1000 r/min、匀胶时间 15 s；

（3）涂好感光胶的铝片转移到烘胶台上，在 80℃烘干 20 min 以除去溶剂；

（4）用烘干的铝片进行光刻实验（具体操作参见实验二十九），比较三种不同光引发剂的光刻胶的光刻效果。由于光刻胶是自备的，建议光刻条件为：在光刻实验前烘 80℃（20 min）、曝光 40 s、显影 50 s，最后在 120℃下烘干（20 min）即可。

五、思考与讨论

1. 简述甲基丙烯酸甲酯光刻胶的制备过程。

2. 甲基丙烯酸甲酯光刻胶和环氧树脂胶黏剂中，活性成分有什么不同？

3. 在制备光刻胶过程中，影响光刻胶性能的因素有哪些？

4. 光刻胶的技术参数主要包括哪些？

实验二十九　光刻图形化实验

一、实验目的

    1．学习图形曝光与光刻的基本原理和操作工艺；

    2．学习对硅片进行掩膜曝光和刻蚀技术。

二、实验原理

    光刻胶是由树脂（低聚物）、感光剂（光引发剂）、溶剂（单体）和添加剂组成。树脂是光刻胶的骨架和基础材料，它对光刻胶性能有决定性的影响。在半导体器件制作中，需要在硅片材料上制作亚微米尺寸的几何图案，其制作工艺中需要运用光刻胶作为抗蚀保护层。

    光刻是一种多步骤的图形转移过程，首先是在掩膜板上形成所需要的图形，之后通过光刻工艺把所需要的图形转移到晶圆表面的每一层。光刻工艺要经历硅片表面清洗烘干、涂底、旋涂光刻胶、软烘、对准曝光、后烘、显影、硬烘、刻蚀、去胶、检测等工序（见图 29-1）。

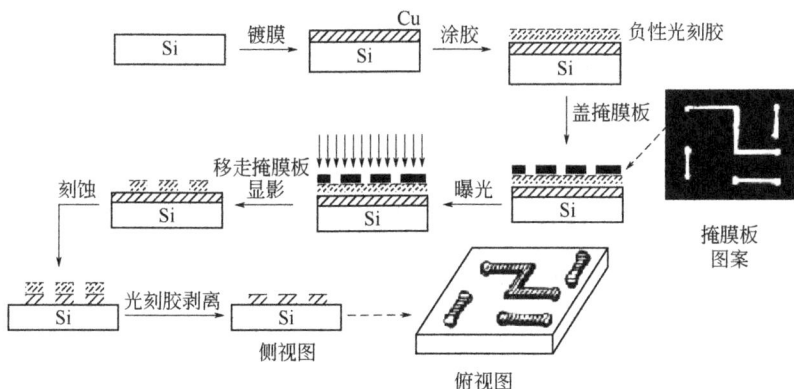

图 29-1　光刻工艺过程

    光刻胶经过曝光后自身性质和结构发生变化（由原来的可溶性物质变为非可溶性物质，或者相反）。再通过显影，把光刻胶中可以溶解的部分去掉，在光刻层下就会留下一个孔，而这个孔就是和掩膜板不透光的部分相对应；通过不同的刻蚀方法把晶圆上没有被光刻胶保护的部分的薄膜层去掉，这时图形转移就最终完成。

三、光刻机简介

光刻机又称紫外曝光机，可用于制作亚微米图形（电路、图案等）。光刻工艺通过曝光的方法将掩模上的图形转移到涂覆于硅片表面的光刻胶上，然后通过显影、刻蚀等工艺将图形转移到硅片上。

要制备光刻图形，首先就得在芯片表面制备一层均匀的光刻胶。采用甩胶方法，即利用芯片的高速旋转，将多余的胶甩出去，而在芯片上留下一层均匀的胶层。在涂胶之前，对芯片表面进行清洗和干燥是必不可少的。

目前采用最多的光聚合单体为多官能度的丙烯酸酯，它具有活性高、固化速度快、价格适中及挥发性小等优点。当其受到光照后即发生交联或分解反应，溶解性发生改变。在光刻制作中通常将光刻胶均匀涂布在被加工物体表面，通过所需加工的图形在光刻机下（图 29-2）进行曝光，由于受光与未受光部分发生溶解度的差别，曝光后用适当的溶剂显影，就可得到由光刻胶组成的图形，再用适当的腐蚀液除去被加工表面的暴露部分，就形成了所需要的图形。

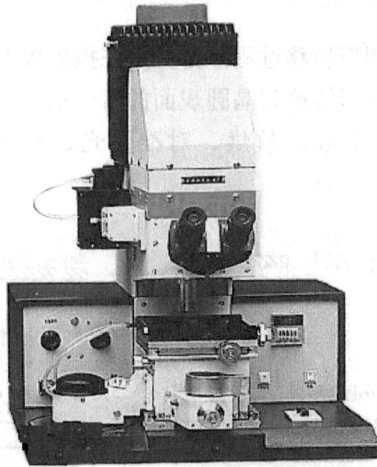

图 29-2　光刻机（紫外曝光机）

附：光刻机的使用方法

（1）开机

① 打开光刻机电源、真空泵、氮气、压缩空气。调节背面气压旋钮，使压缩空气压力约 35 psi（pound per square inch，1 MPa = 145 psi），氮气压力约 5 psi，真空压力约 -25 psi。注意：过大的气体压力可能会对设备造成损坏。

② 把右面板上的 "Align/Home" 和 "Home/Exposure" 开关把显微镜系统和曝光

系统都移动到"Home"位置。

（2）装片

① 如果需要进行双面对准，用"Mask Frame"开关升起模板架，安装上带背面照明系统的片托，再用"Mask Frame"开关降下模板架。

② 根据使用的硅片大小，调节片托上的真空吸孔和硅片限位块的位置。注意：有时可能需要附加一片开孔的薄膜，确保硅片能完全封堵真空吸孔。

③ 把掩膜板放到模板架上，按下"Mask Vacuum"按钮吸住模板。

④ 用"Mask Frame"开关升起模板架，把准备好的硅片放到片托上，并与掩膜板对准大致位置和旋转角。打开"Substrate Vacuum"开关吸住硅片。

⑤ 打开"Nitrogen ON"开关接通氮气，把片托降低到不会与模板接触的安全位置，用"Mask Frame"开关降下模板架。

⑥ 调整片托的 Z 向位置到硅片与掩膜板到较近的距离，用"Chunk Leveling"按钮使硅片与模板平面平行。

（3）对准

① 打开监视器。如果需要进行单面对准，打开显微镜照明光源。如果需要进行双面对准，打开红外光源。

② 把显微镜系统移动到"Align"位置。调节显微镜的位置、焦距、放大倍率和 CCD 的增益到监视器上可以清楚看见掩膜板图形。调节硅片位置到与掩膜板完全对准。

③ 调节面板上的"Contact"真空度到需要的值（for soft contact，−5 psi；for hard contact，−20 psi），打开"Contact Vacuum"开关使硅片与掩膜板紧密接触。

④ 如果需要进行超高精度的曝光，此时可以关闭"Substrate Vacuum"。

⑤ 把显微镜系统移回"Home"位置。

（4）曝光

① 打开汞灯电源，此时电压会指示到最大值。按住"Start"按钮约 5 s 触发汞灯并检查风扇是否正确运转。如果触发成功，会看到电压回到约数十伏的位置。如果触发不成功，先关闭电源，等 1 min 再打开后重新触发。注意：一次触发时间不得超过 10 s，否则可能会损坏电源。离上次汞灯关闭（成功触发后的关闭）10 min 内不得再次打开汞灯。

② 用"Set"旋钮调节汞灯到需要的功率或光照度。如果旋钮不能旋转，请检查是否处于 Lock 状态。读数时，如果测量的是光照度，CH-A 从第一行读数，CH-B 从第二行读数。

③ 打开左面板上的曝光控制电源按钮，设定所需的曝光时间，等汞灯预热 8min 后开始曝光。曝光有以下两种方式：

a. 全自动。把"Auto Exposure"开关打到 ON 位置，把右面板上的"Home/Exposure"开关拨到"Exposure"位置后曝光系统会自动移动到硅片上方并曝光设定的时间。

　　b．半自动。把"Auto Exposure"开关打到 OFF 位置，把右面板上的"Home/Exposure"开关拨到"Exposure"位置后曝光系统会移动到硅片上方，再用"Auto Exposure"按钮开打曝光系统并曝光设定的时间。再按一次按钮可以停止曝光。把曝光系统移回"Home"位置。

　　（5）取片

　　① 关闭"Contact Vacuum"开关使硅片与掩膜板脱离接触。

　　② 用"Mask Frame"开关升起模板架，关闭"Substrate Vacuum"开关并取出硅片。

　　③ 用"Mask Frame"开关降下模板架，拔出"Mask Vacuum"按钮并取下掩膜板。

　　（6）关机

　　① 关闭汞灯电源。注意：不是左面板上曝光控制电源，是台下的汞灯电源。汞灯电源独立供电，不会在关闭光刻机时一起关闭。

　　② 关闭真空系统、氮气、压缩空气。

　　③ 关闭光刻机电源。

四、仪器与试剂

　　仪器：光刻机、超声波发生器、磁控溅射镀膜仪、匀胶仪、滴管、恒温磁力搅拌器、电子天平、循环水泵、干燥箱。

　　试剂：甲基丙烯酸甲酯光刻胶、硅片、铜靶、二甲苯（显影液）、乙酸丁酯（冲洗液）、硝酸、醋酸、去离子水。

五、实验步骤

1．硅基片清洗烘干

　　分别采用超声清洗、去离子水冲洗和干燥烘焙（热板 120℃左右，1～2 min）的方法，以除去表面的污染物和水蒸气等，增强基底表面的黏附性。

2．镀膜

　　利用多靶磁控溅射镀膜仪在硅基片表面镀一层金属 Cu 膜。

3．旋转涂胶

　　首先把光刻胶滴在晶圆中心（称为滴胶），加速旋转、甩胶、挥发溶剂。

4．软烘

　　将涂有光刻胶的基片放在烘箱内烘干（温度 100℃、时间 90 s），以进一步除去溶剂，增强黏附性。

5．曝光

将掩膜板直接轻轻覆盖在光刻胶上方，用紫外对准曝光。曝光能量和焦距进行激光曝光。晶圆经过曝光后，图形被以曝光和未曝光区域的形式记录在光刻胶上，通过显影完成掩膜板图形到光刻胶上的转移。

6．显影

移走掩膜板后，将基片依次放入盛有二甲苯（显影液）的容器中和乙酸丁酯（冲洗液）的容器中，得到与掩膜板相反的图案。

7．后烘

将有图案的基片放在烘箱内烘干（温度 150℃、时间 2～3 min），以进一步增强光刻胶和硅片表面黏附性。

8．刻蚀

将上述图案基片放置在化学液（通常为硝酸）中，将薄膜溶解。

9．光刻胶剥离

在 90～110℃剥离液（有机酸）中去除光刻胶。

六、思考与讨论

1．简述光刻机操作过程，使用注意事项。
2．简述光刻技术的工作原理和操作流程。
3．本实验使用甲基丙烯酸甲酯光刻胶属于正性光刻胶还是负性光刻胶？
4．简述光刻过程的主要步骤，其中较为重要的步骤有哪些？
5．在光刻工艺中，曝光过程需要注意哪些事项？
6．光刻中显影这一步的原理是什么？
7．写出与光刻中刻蚀过程有关的化学反应式或示意图。

实验三十　苯乙烯吡啶盐双光子上转换性能测定

一、实验目的

1. 了解双光子吸收的基本概念和原理；
2. 了解激光产生原理与激光器的使用；
3. 学习双光子激发上转换测试方法。

二、实验原理

双光子吸收是指在强光激发下，利用近两倍于样品的吸收波长的光源激发该样品，使其通过一个虚中间态（virtue state）直接吸收两个光子跃迁至高能态的过程；当受激分子从上能级（S_1）回落到基态（S_0）时往往伴随着接近于其吸收光子频率的两倍荧光，即实现长波激发短波发射达到频率上转换（Up-conversion）。

分子在激光泵浦下所获得的上转换荧光与常规的单光子激发下所获得荧光的微观机制有着相似性，均是以辐射的形式由 S_1 态回到 S_0 态的释放能量。双光子吸收的上转换的特征是介质对这种较长的光波吸收和色散均小，光波的穿透能力强，且由于跃迁概率与入射光强度的平方成正比，在激光束紧聚焦条件下，样品受激范围限制在 λ^3 体积内，使得发色团的激发具有高度的空间选择性。双光子吸收及其上转换荧光与通常的单光子吸收及其下转换荧光比较见图 30-1 所示。

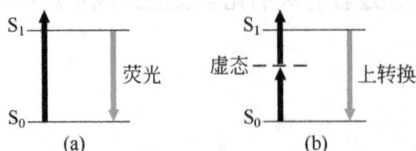

图 30-1　（a）单光子吸收/荧光与（b）双光子吸收/上转换荧光能级比较

苯乙烯吡啶盐（结构见图 30-2）属于 D-π-A 型分子，其中电子受体为 N-甲基碘化吡啶，电子给体为二取代氨基。在波长为 1064 nm 的超快（飞秒、皮秒或纳秒）脉冲激光器泵浦下，这类化合物在 DMF 溶液中会发出明亮的红色上转换荧光或激射，峰位在 660 nm，是一类具有实用价值的激光染料。图 30-3 显示出 DEASPI 线性吸收光谱、单光子荧光光谱、双光子吸收光谱、双光子荧光（上转换）光谱和双光子激射（激光）光谱图。

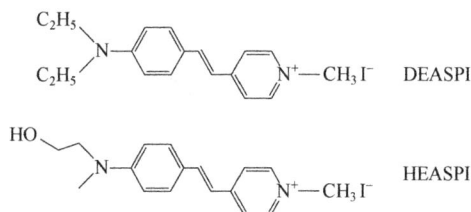

图 30-2　DEASPI 和 HEASPI 的分子结构

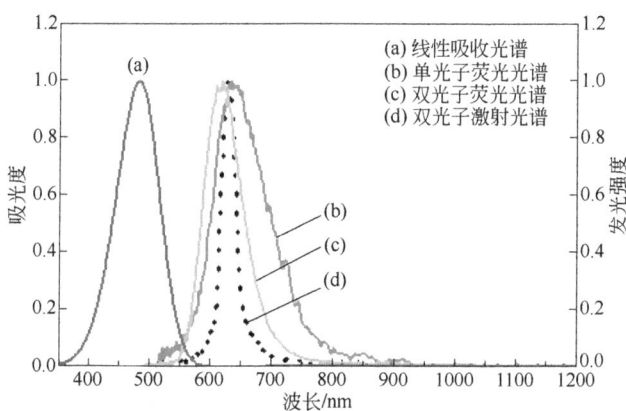

图 30-3　DEASPI 线性吸收/荧光光谱、双光子吸收光谱/上转换和双光子激射光谱

本实验测试 DEASPI 的线性吸收光谱、单光子荧光光谱和双光子荧光（上转换）光谱，结合能级图，理解单光子和双光子荧光的不同含义和激发条件。

三、仪器与试剂

仪器：超快 Nd:YAG 激光器（8 ns 或 ps 级）、光纤光谱仪等。
试剂：DEASPI 样品、DMF、乙醇和乙酸乙酯。

四、实验步骤

1. 分别配制浓度为 0.5 mol·dm^{-3} 的 DEASPI 的 DMF 溶液、乙醇溶液和乙酸乙酯溶液 10 mL，再各自稀释为浓度为 $1×10^{-5}$ mol·dm^{-3} 的 DEASPI 的 DMF 溶液、乙醇溶液和乙酸乙酯溶液各 10 mL。

2. 测试 DEASPI 稀溶液的单光子荧光光谱（激发波长：460 nm）；

3．Nd:YAG 单脉冲激光器，测试 DEASPI 浓溶液的双光子荧光光谱（激发波长：1064 nm，8 ns 脉宽）；

4．Nd:YAG 单脉冲激光器开机程序如下：

（1）打开激光器电源，预热；

（2）将激光器钥匙从"0"拨至"1"，激光器出光；

（3）放置比色皿，调整样品位置，使激光器光路与比色皿垂直；

（4）用光纤光谱仪记录样品上转换光谱，保存数据。

5．数据处理（表 30-1）

表 30-1　DEASPI 的单光子、双光子上转换荧光

溶剂	单光子荧光峰位	单光子荧光强度	双光子荧光峰位	双光子荧光强度
乙醇				
乙酸乙酯				
DMF				

五、思考与讨论

1．简述 Nd:YAG 激光器的使用步骤和注意事项。

2．Nd:YAG 激光器的能量（光源的峰值功率）是通过什么来控制的？

3．双光子吸收和单光子吸收有何区别？请给出相应的能级图。

4．什么是上转换？双光子上转换和单光子上转换有什么异同？

5．测试样品的单光子荧光和双光子荧光光谱时，所用的激发波长不同和激发光的强度不同，简述其原因。

6．测试样品的单光子荧光和双光子荧光光谱时，测试样品的浓度不同，为什么？

实验三十一　三线态–三线态湮灭上转换性能测定

一、实验目的

1. 了解三线态-三线态湮灭上转换基本概念和原理；
2. 学习三线态-三线态湮灭上转换测试方法。

二、实验原理

　　三线态-三线态湮灭机制上转换（TTA-UC）与双光子吸收机制上转换（TPA-UC）都属于非线性光学过程；但由于两者机制不同，前者具有激发光强度低、上转换效率高等优势，而后者则具有空间穿透力强和分辨率好的优势。

　　三线态-三线态湮灭上转换的材料通常为混合物，是由敏化剂和发光剂构成的双组分体系，可用 Jablonski 能级简图来说明（图 31-1）：

　　（1）激发过程：敏化剂首先吸收一个光子到达激发态后通过系间窜越（ISC）到达其三线态；

　　（2）TTT 过程：敏化剂将三线态能量转移给发光剂，使得基态发光剂转变成三线态，这一过程称作三线态-三线态能量转移（Triplet-Triplet Energy Transfer，TTT）；

　　（3）TTA 过程：三线态发光剂之间发生三线态-三线态湮灭，生成一个激发单线态，这一过程称作三线态-三线态湮灭（Triplet-Triplet Annihilation，TTA）；

　　（4）上转换发射：激发单线态发光剂以辐射衰变形式回落至基态，发出上转换（荧光）。

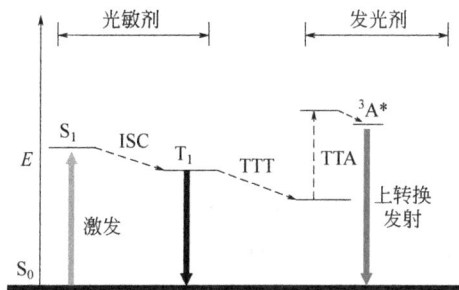

图 31-1　三线态湮灭上转换 Jablonski 能级图

目前报道的弱光上转换主要有绿转蓝和红转黄上转换，也有关于可见光转紫外上转换的报道。其中绿转蓝上转换的转化效率最高，可达 30% 以上。图 31-2 左侧是绿转蓝上转换体系中的光敏剂（八乙基卟啉钯，PdOEP）与发光剂（9,10-二苯基蒽，DPA）分子的结构式。在绿色半导体激光器激发下（532 nm，60 mW·cm^{-2}）比色皿（a）（仅含 DPA 的 DMF 溶液）不被 532 nm 的半导体激光所激发，仍然是激发光源发出的绿光。

比色皿（b）中为光敏剂 PdOEP 与发光剂 DPA 的混合溶液。在半导体激光器虽然不能激发 DPA，但可以激发敏化剂。因为 PdOEP 有两个吸收带（Soret 带：420 nm 和 Q 带：约 532 nm），后者可被半导体激光器（532 nm）所激发，继而依照 Jablonski 能级相继发生 ISC、TTT 和 TTA 过程，直至最终发出 DPA 的蓝色荧光（即上转换）。

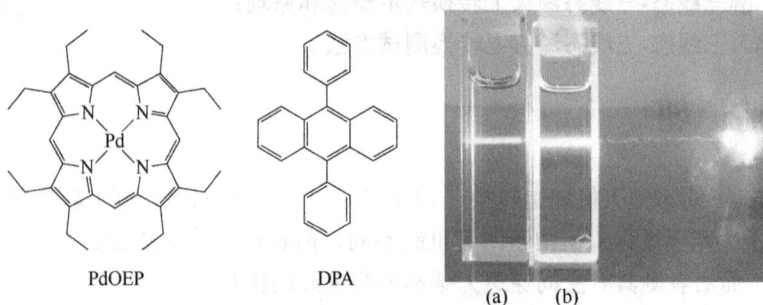

PdOEP　　　　　DPA　　　　　(a)　　(b)

图 31-2　光敏剂 PdOEP 和发光剂 DPA 分子及其上转换演示照片

本实验使用四苯基卟啉钯（PdTPP）为光敏剂、DPA 为发光剂，分别测试它们的下转换荧光和上转换荧光光谱。

三、仪器与试剂

仪器：爱丁堡 FLS 920 型荧光光度计、PR650 光谱仪、532 nm 半导体激光器、功率计、高纯氮等。

试剂：四苯基钯卟啉（PdTPP）、发光剂 DPA、DMF。

四、实验步骤

1. 溶液配制

（1）发光剂溶液配制：先配制 5×10^{-3} mol·dm^{-3} 的 DPA 浓溶液，再配制 5×10^{-5} mol·dm^{-3} 的 DPA 稀溶液，溶剂为 DMF。

（2）光敏剂溶液配制：先配制 5×10^{-4} mol·dm^{-3} 的 PdTPP 浓溶液，再配制 5×10^{-5} mol·dm^{-3} 的 PdTPP 稀溶液，溶剂为 DMF。

（3）敏化剂/发光剂双组分体系配制：按 1:10 摩尔数配比，将 80 μL 的 PdTPP 溶液（$5×10^{-4}$ mol·dm^{-3}）和 80 μL 的 DPA 溶液（$5×10^{-3}$ mol·dm^{-3}）分别注入 5 mL 的容量瓶中，用 DMF 溶液配制成 5 mL 的双组分溶液。

2. 下转换荧光测定

在荧光光谱仪中分别测试 DPA 稀溶液和 PdTPP 稀溶液的荧光（即单光子荧光、又称为下转换）。

测定 DPA 稀溶液时，将仪器菜单中的"激发波长"设定在 370 nm 处，将菜单中的"发射波长"范围设定在 380~880 nm，点击"开始"键，即扫描得出一条光谱，保存数据，确定出最大发光峰的位置。

测定 PdTPP 稀溶液时，将仪器菜单中的"激发波长"设定在 530 nm 处，将菜单中的"发射波长"范围设定在 540~880 nm，点击"开始"键，即扫描得出一条光谱，保存数据，确定出最大发光峰的位置。

3. TTA-上转换荧光测定

用绿色激光器照射经脱气预处理的双组分 DMF 溶液，可观察到双组分 DPA/PdTPP 发生蓝色上转换荧光（很容易可以用肉眼观察到）。随着激发光源的功率密度从 10.89 mW·cm^{-2} 到 55.97 mW·cm^{-2}，上转换（442 nm）的强度依次增强，同时，出现了微弱的荧光（约 560 nm）和磷光（约 650 nm），这是由于敏化剂 PdTPP 的存在。用光纤光谱仪记录样品上转换光谱（见图 31-3 所示），保存数据。

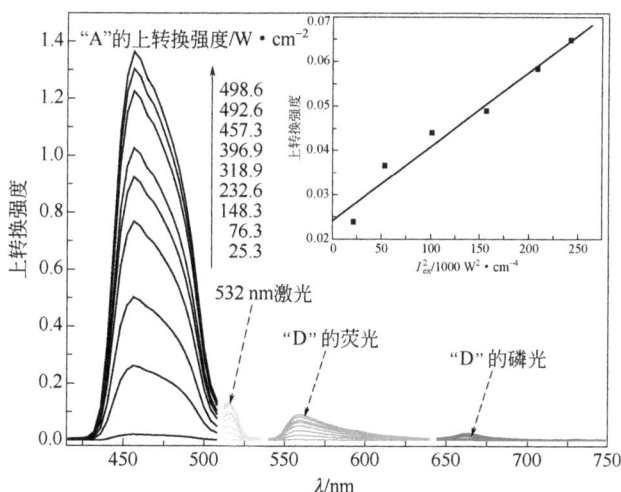

图 31-3 不同激发光强下双组分体系上转换光谱
插图：上转换荧光强度正比于激发光强度的平方

4．数据处理（表 31-1）

表 31-1　光敏剂、发光剂及其双组分上、下转换荧光

样品	370 nm 激发下	532 nm 激发下	双光子荧光峰位	双光子荧光强度
PdTPP				
DPA				
PdTPP/DPA				

五、思考与讨论

1．在上转换荧光测试中，为什么要事先充入高纯氮气？

2．在 532 nm 波长激发下，为什么不能激发发光剂 DPA？

3．在 532 nm 波长激发下，为什么可以激发光敏剂 PdTPP？

4．比较在测试样品的单光子荧光和双光子荧光光谱时，所用的激发波长不同和激发光的强度不同，简述其原因。

5．测试样品的单光子荧光和双光子荧光光谱时，测试样品的浓度不同，为什么？

6．从强光场到弱光场下的双光子过程上转换，这不同于常规荧光机制，试给出三者的能级示意图。

7．上转换泵浦能量与上转换荧光强度关系如图 31-3 插图所示。即上转换泵浦能量的平方与上转换荧光强度呈现良好的线性关系，这意味着什么？

实验三十二　光电存储器件的
制作与性能测试

一、实验目的

1. 了解 D-π-A 型分子电荷转移特性对光、电性能影响规律;
2. 学习光电存储器件制作技术;
3. 学习有机光电存储性能测试方法。

二、实验原理

D-π-A 型分子在电场作用下发生分子内电荷转移形成电学双稳态结构,两个稳定导电态的存在使它具有一定的存储特性。如有机半导体薄膜材料在通常条件下表现为低导电态(不导电),当在外界电场诱导下可使其发生电荷转移,分子离域程度增加,使得薄膜的导电性提高。这可导致载流子数目增多,从而导致薄膜导电性增强。继续施加反向电压,光谱又可以回到初始状态。

当一种材料能够同时对两种或两种以上的外场(如光、电、磁、pH 等)作出可逆地响应,它就能够记录更多的信息,这就是多功能信息存储。多功能信息存储是在一个器件上组合多种物理通道(例如光、电、磁多功能)进行信息的存储和传递,从而使一种物质能在外场刺激下具有双重或多重双稳态。

在多模式存储中,光电双存储备受关注,因为在这种模式既可以实现高密度写入,还可以实现无损读出。实现光电存储的介质一般具有某些特定类型的光电双响应。如具有 D-π-A 型的 DDME 分子(图 32-1),其中强电子给体—N(CH$_3$)$_2$ 与两个电子受体基团—CN 通过共轭结构相连,具有良好电学双稳态的分子。该材料在 $400\sim450$ nm 处有强烈的吸收,并且在光照前后存在两种稳定状态(称为双稳态),因此该材料又可用于光信息存储。当分子受到外界刺激(光或电场)时,由于分子中给体和受体之间发生有效的电荷转移而导致了平面构型的扭转,且这种构型的扭转还伴随着分子中电子给体和受体之间发生电荷分离,使得分子在构型变化前后分别对应不同的导电态和荧光态,可通过光和电场两种方式写入和读出,即表现出光电双模式存储特性。本实验使用 DDME 化合物作为活性层材料制备光电存储器件。

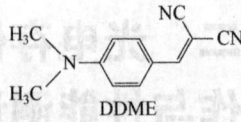

图 32-1　具有光电双存储特性的 DDME 分子

三、仪器与试剂

仪器：Keithley 4200 的半导体系统、半导体激光器、氩离子激光器、超声清洗器。

试剂：硅片、导电玻璃、Al、丙酮、乙醇、甲苯、氯仿、DDME、PMMA、环己酮溶液。

四、实验步骤

1. 存储器件制作

（1）硅片和导电玻璃的清洗：将氧化铟锡导电玻璃（ITO）切割成合适尺寸，再分别用洗涤剂、去离子水冲洗干净后，依次用丙酮、乙醇超声清洗 15 min，烘干待用。

（2）ITO/DDME/Al 存储器件的制作：在甲苯-氯仿混合溶剂（1∶1）中配制得 10 mg·mL^{-1} 的 DDME 溶液，用 0.45 μm 微滤器过滤溶液，以除去不溶悬浮物。使用甩胶机旋涂的方法，使 DDME 薄膜均匀涂布在导电玻璃基底表面，然后转移到高真空镀膜机中，在约 4×10^{-4} Pa 的真空度下蒸镀铝电极，铝电极的掩膜的面积是 2.0 mm×2.0 mm，蒸镀铝的速度控制在 2～4 Å·s^{-1}，铝电极厚度约 300 nm；

（3）制作三个平行器件 1～3 号待测。

2. 器件开态/关态测试

采用 Keithley 4200 的半导体系统，在暗场下测试器件得 I-V 曲线。

（1）将正偏压施加在 Al 电极上，扫描电压从 0 V 开始，得到曲线Ⅰ（见图 32-2）。表示在低电压时器件处于高阻态，即关闭状态（OFF）；

（2）再施加正向偏压至+5.5 V 左右时，电流值会出现一个突越，电阻变小，表明器件从高阻态转变到低阻态，即开态（ON）；

（3）进行第二次扫描，施加电压范围为 0～+6 V；得到曲线Ⅱ，器件继续表现高导电性；

（4）继续对薄膜施加反向电压（0～-6 V），得到如图曲线Ⅲ所示。器件首先表现为低阻态（ON 态），电流值随着电压增大而升高；但当负向偏压加至-5.8 V 左右时，薄膜从低阻态转变到高阻态。二次反向扫描时，器件继续表现高阻态（曲线Ⅳ，OFF 态）。即表明器件具有可逆的电学双稳特性，可用于可逆电信息存储。

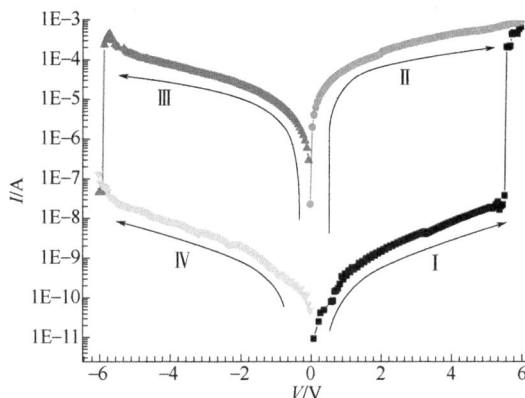

图 32-2　DDME 薄膜 *I-V* 曲线（基底为 ITO 玻璃，正偏压施加在 Al 电极上）

（5）测试器件在施加电压前后紫外-可见吸收光谱的变化。施加电压后薄膜的电荷转移吸收带的峰位发生红移并伴随着吸光度增大，这是由于分子内或分子间存在强烈的相互作用，尤其是分子间电荷转移，分子离域程度增加导致了载流子数目增多，可有效增强薄膜的导电性；若施加反向电压，吸收光谱又可回复初始状态。

3．数据处理（表 32-1）

表 32-1　ITO/DDME/Al 存储器件 ON/OFF 性质

器件	开态电压/V	关态电压/V	开态吸光度	关态吸光度
1				
2				
3				

五、思考与讨论

1．试叙述有机光电存储材料的存储原理，与单一功能的存储如光存储和电存储有什么不同？

2．简述有机光电存储器件的制作过程。

3. 试分析在 ON 和 OFF 态时，活性层材料分子结构（电荷转移）发生什么相应的变化？

4. 从有机 DDME 薄膜器件在电场施加前后的紫外吸收光谱和荧光光谱如何证实分子内电荷转移过程的发生？

5. 通过本实验中测得的 3 个器件的性能参数，讨论影响光电存储器件性能的因素。

6. 自行设计一个有机光电存储器件结构，给出示意图。

附录 1 化学软件简介

一、Origin 简介

1. 数据制图

数据制图是用计算机把一系列数据变成直观可视的图形，便于用户更好地分析数据的规律、数据变化的趋势。当我们把实验数据输入到 Origin 软件的工作表中后,可以应用计算机程序的图表功能绘制实验图形。下面着重就函数图绘制的步骤来简单介绍二维图形绘制的要点。

（1）将测试好的数据复制粘贴到 Book1 中，如右图所示。

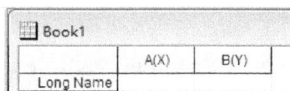

（2）选中 Book1 中的数据，点击"　/　"，就可以得到曲线图，见附图 1。

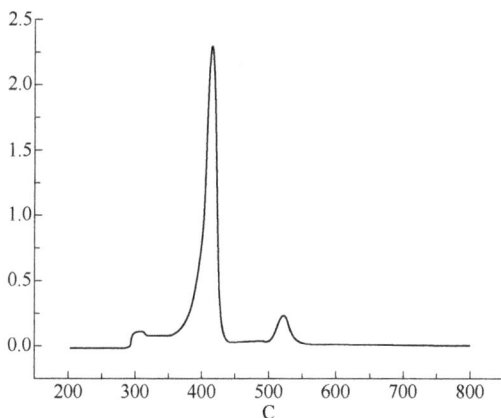

Book1	A(X)	B(Y)
Long Name		

附图 1　Origin 绘制曲线图

（3）修改横纵坐标，调整线条粗细，调整坐标范围完成绘图。

2. 数据处理与分析

前面介绍了 Origin 软件在实验数据作图上的应用，同样 Origin 软件线性拟合和非线性曲线拟合功能在处理数据方面也有独到之处。Origin 软件在线性拟合和非线性曲线拟合时，可屏蔽某些偏差较大的数据点，以降低曲线的偏差，得到更为准确的结果，且方便快捷。

下面以非线性曲线拟合的 Gauss 拟合来简单介绍：

（1）导入数据，选择 B 列绘制散点图，见附图 2。

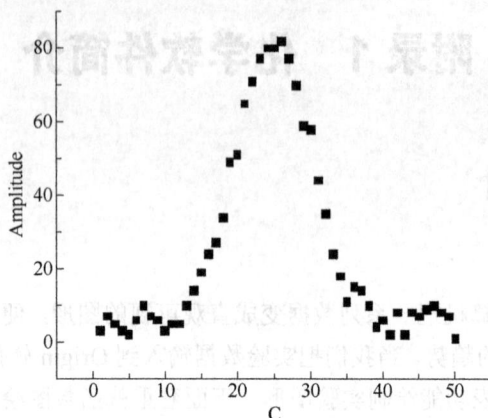

附图 2　Origin 绘制散点图

（2）单击菜单命令【Aanalysis】→【Nonlinear Curve Fit…】打开【NLFit】对话框。

（3）在【Settings】标签卡中的【Function Selection】选项页里选择函数为"Gauss"。

（4）最后单击【Fit】应用拟合并确认切换到报告提示，结果如附图 3。

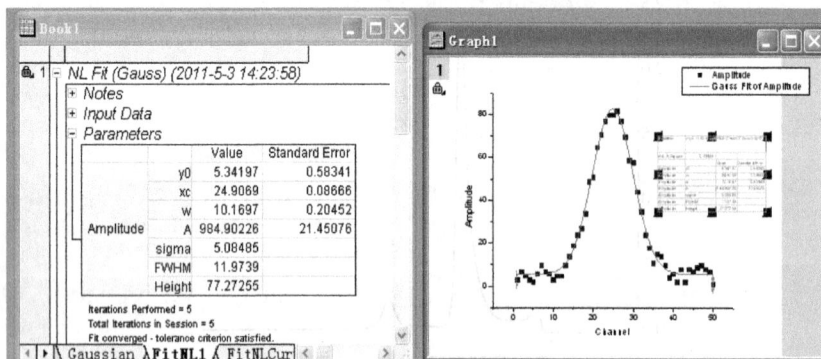

附图 3　Orgin 数据处理示意图

二、ChemDraw 简介

ChemDraw 软件是目前国内外最流行、最受欢迎的化学绘图软件。Chemdraw 软件功能十分强大。可编辑、绘制与化学有关的一切图形，例如，建立和编辑各类分子式、方程式、结构式、立体图形、对称图形、轨道等，并能对图形进行编辑、翻转、旋转、缩放、存储、复制、粘贴等多种操作。用它绘制的图形可以直接复制粘贴到 Word 软件中使用。

现针对本书中实验涉及的有机物结构式、化学方程式，进行详细的实例指导。希望同学们在阅读后，能掌握 Chemdraw 中结构式、方程式的基本绘制功能与技巧。

实例一：绘制卟啉结构通式（附图4）

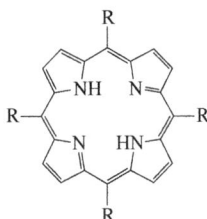

附图4　卟啉结构通式

1．点击左侧主工具板中的""，进入下拉菜单，点击、" Aromatics ▶"，之后进入下一级菜单，再点击""，在文件窗口中适当位置长按鼠标左键，即可绘制出一个卟啉大环，并可随鼠标旋转调整圆环的角度。

2．点击主工具板中的"╲"，将鼠标移至箭头所指处 ，长按鼠标左键，绘制出单键，并可随鼠标旋转，转动至需要的位置。按上述绘制另外三个单键。

3．将鼠标移至箭头所指处 ，点击"A"，输入"R"，按回车键确定。如需更改字体及大小，可点击主工具板中"A"，再点击需更改的文字，在"Arial ▼ 10 ▼"处更改。

4．此绘制结构式的过程中，如画错了，可使用橡皮功能。即点击主工具板中的""，在需更改的区域，按住左键并来回拖动。

5．如果需将绘制好的结构式，复制到 Word 或 PPT 中，可点击""选取结构式，点鼠标右键，选"Copy"，并在 Word 或 PPT 粘贴即可。

实例二：绘制化学方程式（示例见附图5）

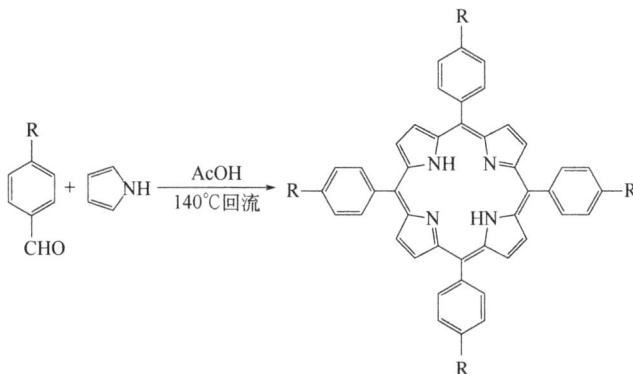

附图5　化学反应方程式图例

　　通过"实例一"详细的说明，相信大家已经掌握了绘制结构式的一般方法。绘制化学方程式，仅多出反应条件部分（即箭头部分），现将步骤说明如下：

　　（1）点击主工具板中的→，在下拉工具板中选择→，绘制恰当大小的箭头。

　　（2）点击 A，再点击箭头上方需键入文字的区域，键入"AcOH"，注意输入中文时，应变更为中文字体。同样，点击箭头下方需键入文字的区域，键入"140℃回流"。

　　以上是我们实验中涉及的物质结构式和化学反应方程式的基本绘制方法，除此之外 ChemDraw 还具有如下几个功能：结构式与物质英文名的相互转换；预测 NMR 谱图；绘制 TLC 图、分子轨道图、仪器装置图等。

附录 2　常见溶剂的极性参数表

序号	中文名称	英文名称	$E_T(30)$[①]/(kcal·mol)
1	异戊烷	*i*-pentane	30.0
2	石油醚	petroleum ether	—
3	环己烷	cyclohexane	30.9
4	己烷	hexane	31.0
5	正戊烷	*n*-pentane	31.0
6	正辛烷	*n*-octane	31.1
7	三氟乙酸	trifluoroacetic acid	—
8	三甲基戊烷	trimethylpentane	—
9	环戊烷	cyclopentane	—
10	庚烷	*n*-heptane	31.1
11	氯丁烷	butyl chloride	—
12	四氯化碳	carbon tetrachloride	32.4
13	三氯三氟代乙烷	trichlorotrifluoroethane	—
14	对二甲苯	*p*-xylene	33.1
15	硝基甲烷	nitromethane	—
16	甲苯	toluene	33.9
17	异丙醚	*i*-propyl ether	34.1
18	苯	benzene	34.3
19	乙醚	ethyl ether	34.5
20	三氯乙烯	trichloroethylene	35.9
21	二噁烷	dioxane	36.0
22	氯苯	chlorobenzene	36.8
23	二氯乙烯	ethylene dichloride	37.0
24	四氢呋喃	tetrahydrofuran	37.4
25	邻二氯苯	*o*-dichlorobenzene	38.0
26	乙酸乙酯	ethyl acetate	38.1
27	乙酸丁酯	*n*-butyl acetate	38.5

续表

序号	中文名称	英文名称	$E_T(30)^{①}$/(kcal·mol)
28	氯仿	chloroform	39.1
29	甲基异丁酮	methyl isobutyl ketone	39.4
30	吡啶	pyridine	40.5
31	二氯甲烷	methylene chloride	40.7
32	甲乙酮	methyl ethyl ketone	41.3
33	丙酮	acetone	42.2
34	二甲基甲酰胺	dimethyl formamide	43.2
35	苯胺	aniline	44.3
36	二甲亚砜	dimethyl sulfoxide	45.1
37	乙腈	acetonitrile	45.6
38	异丙醇	i-propanol	48.4
39	异丁醇	isobutyl alcohol	48.6
40	正丁醇	n-butanol	49.7
41	丙醇	n-propanol	50.7
42	乙酸	acetic acid	51.7
43	甲醇	methanol	55.4
44	乙二醇	ethylene glycol	56.3
45	水	water	63.1

① 引自 Reichardt, C.Solvatochromic Dyes as Solvent Polarity Indicators. Chem. Rev. 1994, 94, 2319-2358.